I0067562

CERTIFICAT D'ÉTUDES
Physiques, Chimiques et Naturelles
COURS COMPLET PUBLIÉ SOUS LA DIRECTION DE G. MANEUVRIER

L. MAQUENNE

TRAVAUX PRATIQUES ET MANIPULATIONS DE CHIMIE

PARIS
OCTAVE DOIN, ÉDITEUR
1897

AVERTISSEMENT DE L'ÉDITEUR

On sait que le *Certificat d'études physiques, chimiques et naturelles* est actuellement conféré aux étudiants en médecine par les Facultés des sciences, comme sanction d'un enseignement approprié, qui est professé dans les dites Facultés (1). Les origines, la nature et la portée de ce nouvel enseignement ont été nettement définies par les remarquables Rapports de MM. les doyens de la Faculté de médecine (2) et de la Faculté des sciences (3) de l'Université de Paris.

Les Facultés de médecine — dit M. Darboux — *se réservent de la manière la plus complète, l'étude des applications des sciences physiques et naturelles aux diverses branches de l'art de guérir; mais elles réclament des étudiants déjà initiés aux principes de ces sciences. L'enseignement nouveau doit donc être avant tout, un enseignement général et non pas un enseignement d'application. Mais comme le médecin n'est pas un théoricien, mais un homme pratique, le nouvel enseignement doit être, en même temps que théorique, pratique et expérimental.*

Fidèle aux traditions déjà anciennes de notre maison, nous ne pouvions rester indifférent ni étranger à cette importante évolution des études médicales : aussi avons-nous pris nos mesures pour y aider, nous l'espérons, avec efficacité. C'est dans cet esprit que nous publions un *Cours d'études physiques, chimiques et naturelles*, dont nous avons confié la direction et la rédaction à des professeurs expérimentés doublés d'hommes de sciences distingués, que nous avons été chercher à la Sorbonne même et au Muséum. Ce Cours complet comprend huit volumes, dont quatre volumes de Science pure et quatre de Science appliquée ou Travaux pratiques, qui sont, les uns et les autres, strictement conformes, dans la lettre comme dans l'esprit, aux nouveaux programmes de 1893. Nous les offrons avec confiance aux étudiants, convaincus que nous sommes de contribuer par là à diriger leurs études, à alléger leur besogne et à faciliter leur succès aux examens. Et si nous parvenons à y réussir, dans une certaine mesure, ce sera pour nous, comme pour nos collaborateurs, la plus précieuse des récompenses.

O. DOIN.

N. B. — Notre publication étant absolument conforme à l'esprit même des nouveaux programmes, s'adresse non seulement aux étudiants en médecine, mais encore aux bacheliers de tous ordres et même aux sujets d'élite qui se destinent à l'Ecole centrale, à l'Ecole de physique et chimie de la Ville de Paris, à l'Institut agronomique, aux Ecoles vétérinaires et, en général, aux carrières industrielles et agricoles.

---

(1) Décret relatif à l'institution dans les Facultés des sciences d'un certificat d'études physiques, chimiques et naturelles (du 31 juillet 1893).

(2) Décret relatif à la réorganisation des études médicales (du 31 juillet 1893).

(3) Réorganisation des études médicales (Rapport de M. Brouardel). — Certificat d'études physiques, chimiques et naturelles (Rapport de M. Darboux).

TRAVAUX PRATIQUES

ET MANIPULATIONS

DE

CHIMIE

PAR

L. MAQUENNE
Docteur ès-Sciences Physiques,
Assistant au Muséum d'Histoire Naturelle de Paris.

Avec 74 figures dans le texte.

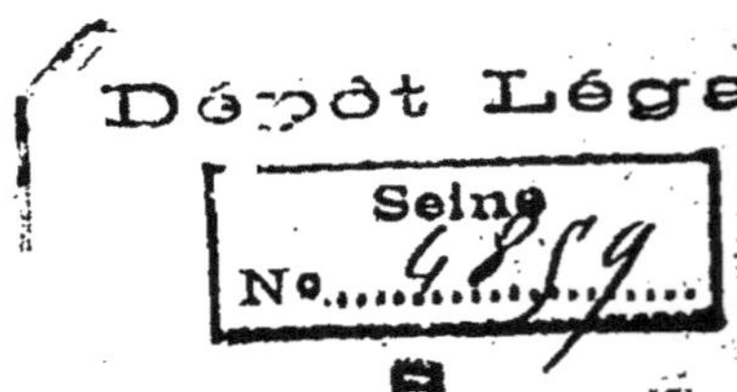

PARIS
OCTAVE DOIN, ÉDITEUR
8, PLACE DE L'ODÉON, 8
1897

AVANT-PROPOS

Nous avons réuni dans ce volume toute la partie pratique des connaissances exigées pour l'obtention du certificat d'études physiques, chimiques et naturelles, c'est-à-dire quelques notions d'analyse qualitative et quantitative, ainsi qu'un exposé succinct des manipulations que les commençants peuvent effectuer au laboratoire. A ce sujet nous rappellerons que rien ne peut remplacer la pratique manuelle et que, même pour le plus simple travail, le meilleur traité de manipulations ne saurait être d'aucun secours si l'on n'avait appris par soi-même à construire les appareils nécessaires et si l'on n'avait eu à vaincre ces mille difficultés que l'expérience seule fait connaître et que l'habitude seule permet d'éviter ou de prévoir.

L'expérience personnelle est à ce point de vue plus instructive que les explications les plus minutieuses ; aussi avons-nous cru suffisant d'indiquer la marche à suivre dans chaque manipulation, sans entrer dans les détails fastidieux du montage et du fonctionnement des appareils, que l'élève attentif apprendra sur place mieux que partout ailleurs.

L'emploi presque exclusif de figures schématiques suppléera du reste sans peine à ces descriptions et permettra à chacun de reproduire aisément au tableau les figures relatives aux préparations usuelles.

Aux matières imposées par le programme, nous avons cru utile d'adjoindre quelques indications sur le dosage pondéral des principaux éléments et enfin un certain nombre de problèmes intéressant la chimie générale ou appliquée.

Ces exercices peuvent être variés jusqu'à l'infini et nous conseillons vivement aux élèves chargés de manipulations de faire eux-mêmes le calcul des quantités de matière qu'ils doivent faire réagir, ainsi que du rendement théorique auquel ils doivent arriver ; ils auront ainsi un contrôle précieux de leur travail, qui les préparera utilement aux opérations plus délicates de l'analyse quantitative.

MANIPULATIONS

DE

CHIMIE

PREMIÈRE PARTIE

ÉLÉMENTS D'ANALYSE CHIMIQUE

CHAPITRE PREMIER

GÉNÉRALITÉS — ANALYSE DES GAZ

1. Généralités. — L'analyse a pour objet de déterminer la composition d'une substance quelconque, chimiquement définie ou non. Elle comprend, en pratique, deux parties essentiellement distinctes : l'analyse *qualitative*, qui indique la nature des éléments qui composent le corps étudié, et l'analyse *quantitative*, qui en fait connaître les proportions relatives, en volume ou en poids.

Les méthodes de l'analyse qualitative ne sont autre chose qu'une suite d'essais systématiques ayant pour bases les réactions spéciales à chaque élément; quant à celles de l'analyse quantitative, elles consistent toutes à engager la matière que l'on veut doser dans une combinaison bien définie et choisie de telle façon qu'il soit possible d'en déterminer exactement le poids ou le volume : il suffit alors d'un simple calcul de proportion pour déduire de ce poids ou de ce volume la quantité que l'on cherche.

Supposons, par exemple, qu'il s'agisse de faire l'analyse de la pyrite FeS^2; pour y déceler la présence du fer et du soufre il nous suffira de la griller : l'oxygène de l'air transformera ces deux éléments en oxyde de fer Fe^2O^3 et en anhydride sulfureux SO^2, reconnaissables, le premier à sa couleur rouge, l'autre à son odeur piquante.

Pour doser les mêmes éléments nous pourrons dissoudre un poids connu de pyrite dans l'eau régale bouillante, qui transformera le fer en chlorure ferrique et le soufre en acide sulfurique, puis ajouter un excès d'ammoniaque : le fer sera entièrement précipité à l'état de peroxyde, que nous pourrons recueillir sur un filtre, calciner et peser; le peroxyde de fer Fe^2O^3 contenant 70 0/0 de fer métallique, il suffira de multiplier le poids ainsi trouvé par 0,7 pour avoir la quantité de fer cherchée.

Celle du soufre s'obtiendrait non moins facilement, en ajoutant au même liquide un excès de chlorure de baryum, qui précipite l'acide sulfurique à l'état de sulfate de baryum SO^4Ba, complètement insoluble; comme ci-dessus on pourra recueillir le précipité et en déterminer le poids : sachant enfin que le sulfate de baryum renferme 13,73 0/0 de soufre, on multipliera ce nombre par 0,1373 et on aura le poids du soufre contenu dans la pyrite analysée.

Il va sans dire que si l'opération est bien faite, la somme des poids trouvés pour le fer et le soufre doit être égale au poids de la pyrite primitive; si elle lui était inférieure, ce serait la preuve que la pyrite employée est impure et qu'elle renferme autre chose que du fer et du soufre.

Il n'entre pas dans notre programme de décrire ici toutes les méthodes analytiques en détail ; nous nous bornerons à quelques indications sur l'analyse des gaz, la détermination qualitative des sels, l'emploi des liqueurs titrées, l'analyse élémentaire des matières organiques et enfin, en appendice, à l'examen des principales méthodes en usage dans l'analyse pondérale des corps usuels.

Analyse des gaz.

2. **Détermination d'un gaz unique.** — La détermination d'un gaz, pur ou presque pur, ne souffre aucune difficulté : l'odeur, la réaction sur le tournesol, la combustibilité, les propriétés comburantes, la solubilité, etc., sont autant de caractères qui le plus souvent dispensent de l'emploi de réactifs spéciaux. Ceux-ci cependant, à cause de la netteté de leurs indications, ne doivent jamais être négligés lorsqu'il y a doute ; c'est pourquoi nous rappelons d'abord les réactions caractéristiques de chacun des gaz que l'on peut avoir à rencontrer en pratique.

Hydrogène. — Inodore, combustible ; brûle avec une flamme pâle en donnant de la vapeur d'eau, sans acide carbonique. Insoluble dans tous les réactifs.

Chlore. — Jaune verdâtre ; odeur forte ; absorbé par les liquides alcalins et l'azotate d'argent. Décolore le tournesol et la teinture d'indigo. Ne donne pas d'oxygène avec la poudre d'argent, ce qui le distingue de ses oxydes gazeux.

Acide chlorhydrique. — Fume à l'air, les fumées

augmentent en présence d'ammoniaque; odeur piquante; absorbé par l'eau; rougit le tournesol; précipite l'azotate d'argent en blanc; ne se colore pas par addition de chlore.

Acide bromhydrique. — Fume à l'air, les fumées augmentent en présence d'ammoniaque; odeur piquante; absorbé par l'eau; rougit le tournesol; précipite l'azotate d'argent en jaune très pâle; prend avec le chlore une couleur orangée, due à la mise en liberté du brôme.

Acide iodhydrique. — Fume à l'air; les fumées augmentent en présence d'ammoniaque; odeur piquante, absorbé par l'eau; rougit le tournesol; précipite l'azotate d'argent en jaune; prend avec le chlore une couleur brunâtre, due à la mise en liberté d'iode.

Oxygène. — Inodore; active toutes les combustions; se colore en jaune orangé par addition de bioxyde d'azote; absorbé par le chlorure cuivreux ammoniacal, qu'il colore en bleu, ainsi que par un mélange de pyrogallol et de potasse, qu'il colore en brun.

Ces réactions colorées distinguent nettement l'oxygène du protoxyde d'azote, qui active comme lui toutes les combustions.

Acide sulfhydrique. — Odeur d'œufs pourris; combustible, brûle avec une flamme bleue en dégageant de l'anhydride sulfureux; absorbé par les lessives alcalines, ainsi que par l'acétate de plomb et l'azotate d'argent, avec lesquels il donne un précipité noir.

Anhydride sulfureux. — Odeur piquante de soufre brûlé; absorbé par les lessives alcalines, l'azotate d'argent et le borax; rougit le tournesol. Ses dissolutions, au contact du zinc, donnent de l'acide hydrosulfureux qui décolore l'indigo.

Azote. — Inodore; incombustible et impropre à la combustion; insoluble dans tous les réactifs. Mélangé d'oxygène il donne des vapeurs rutilantes de peroxyde d'azote sous l'action des étincelles électriques.

Ammoniaque. — Odeur forte; absorbé par l'eau; bleuit la teinture rouge de tournesol. Ses dissolutions précipitent en jaune brun le réactif de Nessler (*iodo-mercurate de potassium alcalin*).

Protoxyde d'azote. — Inodore; active toutes les combustions; ne se colore pas par addition de bioxyde d'azote; sans action sur le chlorure cuivreux ammoniacal, ainsi que sur un mélange de pyrogallol et de potasse; absorbé par l'alcool.

Bioxyde d'azote. — Odeur de peroxyde d'azote; devient rutilant à l'air; absorbé par le sulfate ferreux, qu'il colore en brun.

Hydrogène phosphoré. — Odeur d'ail; combustible, brûle avec une flamme blanche, en répandant des fumées d'acide phosphorique; absorbé par le chlorure cuivreux, en solution chlorhydrique, et par l'azotate d'argent, qu'il précipite en noir.

Méthane. — Inodore; combustible, brûle avec une flamme pâle en donnant de la vapeur d'eau et de l'acide carbonique; insoluble dans tous les réactifs.

Ethylène. — Presque inodore à l'état pur; combustible, brûle avec une flamme éclairante, non fuligi neuse; absorbé par le brôme.

Acétylène. — Odeur alliacée; combustible, brûle avec une flamme éclairante, fuligineuse; absorbé par le brôme; précipite le chlorure cuivreux ammoniacal en rouge.

Oxyde de carbone. — Inodore; combustible, brûle

avec une flamme bleue en donnant de l'acide carbonique, sans vapeur d'eau; absorbé par le chlorure cuivreux ammoniacal sans coloration.

Anhydride carbonique. — Inodore; incombustible et impropre à la combustion; absorbé par les lessives alcalines; précipite l'eau de chaux et l'eau de baryte en blanc; sans action sur le borax.

Cyanogène. — Odeur d'amandes amères; combustible, brûle avec une flamme pourpre, en dégageant de l'acide carbonique et de l'azote; absorbé par la potasse. Ses solutions alcalines, additionnées de sulfate ferreux et de chlorure ferrique, donnent du bleu de Prusse quand on les sursature par l'acide chlorhydrique.

Le tableau suivant, qui résume les principaux de ces caractères, montre aussi nettement que possible la marche qu'il conviendra de suivre pour déterminer un gaz de nature inconnue (1).

3. Analyse qualitative d'un mélange de gaz. — Lorsqu'il s'agit de déterminer la nature d'un mélange gazeux on fait encore usage des mêmes caractères; si le gaz est odorant et fumant à l'air on y recherchera les

(1) Nous n'avons pas compris dans ce tableau le fluorure de bore, le fluorure de silicium ni les hydrogènes arsenié et silicé que l'on ne rencontre que très exceptionnellement. Les deux premiers se reconnaissent à ce qu'ils fument à l'air et sont absorbés par l'eau en donnant des liquides fortement acides (le fluorure de silicium donne en même temps un précipité de silice gélatineuse). Enfin les arseniure et siliciure d'hydrogène se reconnaissent à ce qu'ils sont combustibles et donnent en brûlant de l'acide arsénieux et de l'acide silicique. L'hydrogène arsenié possède une forte odeur d'ail.

DÉTERMINATION D'UN GAZ UNIQUE

- **Gaz odorant....**
  - Incombustible..
    - Vert, odeur suffocante.... Cl
    - Devient rouge à l'air.... AzO
    - Fume à l'air...
      - Non modifié par Cl.... HCl
      - Devient orangé avec Cl.... HBr
      - Devient brun avec Cl.... HI
    - Odeur de soufre brûlé.... SO^2
    - Odeur ammoniacale ; bleuit le tournesol rouge.... AzH^3
  - Combustible....
    - Flamme bleue ; odeur d'œufs pourris.... H^2S
    - Flamme blanche ; odeur alliacée.... PH^3
    - Flamme fuligineuse ; odeur alliacée.... C^2H^2
    - Flamme pourpre ; odeur d'amandes amères.... Cy
- **Gaz inodore....**
  - Comburant......
    - Colore en brun le pyrogallol potassé.... O
    - Ne colore pas le pyrogallol potassé.... Az^2O
  - Combustible....
    - Flamme pâle...
      - Ne donnant pas de CO^2.... H
      - Donnant CO^2...
        - Absorbé par Cu^2Cl^2 ammoniacal.... CO
        - Non absorbé par Cu^2Cl^2.... CH^4
    - Flamme éclairante.... C^2H^4
  - Éteint les corps en combustion sans s'enflammer...
    - Trouble l'eau de chaux.... CO^2
    - Ne trouble pas l'eau de chaux.... Az

hydracides de la famille du chlore; si en même temps le gaz décolore la teinture de tournesol, on conclura à la présence du chlore libre, qui exclut naturellement celle de l'acide bromhydrique, de l'acide iodhydrique, de l'ammoniaque, de l'acide sulfureux, de l'acide sulfhydrique, de l'hydrogène phosphoré, de l'éthylène, de l'acétylène et du cyanogène, en un mot de tous les gaz sur lesquels le chlore exerce une action quelconque.

Si le gaz colore en bleu un mélange d'iodate de potassium et d'amidon, on pourra affirmer la présence de l'acide sulfureux; enfin, l'ammoniaque, qui est incompatible avec le chlore et tous les gaz acides, se reconnaîtra au moyen d'un papier de tournesol rouge. Ces premières constatations faites, on agite une partie du mélange gazeux avec une dissolution de potasse, qui absorbe tous les gaz acides, et on recherche dans le liquide l'acide sulfhydrique, au moyen d'un sel de plomb, et le cyanogène, avec un mélange de sels ferreux et ferriques.

Si le gaz restant noircit l'azotate d'argent, c'est qu'il renferme de l'hydrogène phosphoré; on l'agite alors avec un excès de ce réactif et on recherche dans le résidu gazeux l'oxygène, par le pyrogallol et la potasse, l'éthylène, par le brome, et l'oxyde de carbone, ainsi que l'acétylène, par le chlorure cuivreux ammoniacal. S'il reste encore un gaz combustible, ce ne peut être que de l'hydrogène ou du méthane; on fera brûler celui-ci avec un excès d'oxygène, dans un eudiomètre, et on recherchera si les produits de combustion renferment de l'acide carbonique; enfin, on absorbera l'excès d'oxygène par un mélange de pyrogallol et de potasse; s'il y a un résidu, ce ne peut plus être que de l'azote ou de l'argon.

Pour déceler l'acide carbonique, dans un mélange

de gaz complexe, le meilleur moyen est de traiter ce mélange par une petite quantité de borax, qui s'empare de tous les acides forts, et de le faire passer ensuite dans l'eau de chaux : l'acide carbonique donne alors un précipité blanc caractéristique de carbonate de calcium.

Remarque. — Lorsqu'on fait usage, dans une analyse de gaz, de réactifs volatils, tels que le brome ou la solution ammoniacale de chlorure cuivreux, il est indispensable, avant de continuer les essais, d'enlever toutes les vapeurs que ces réactifs ont pu laisser dans le résidu gazeux; pour cela, on agite celui-ci avec une dissolution d'acide sulfurique ou de potasse, suivant qu'il renferme de l'ammoniaque ou du brome.

Ce dernier réactif ne doit jamais être employé que sur la cuve à eau, parce qu'il attaque énergiquement le mercure; il en est de même de l'azotate d'argent, qui se transformerait en azotate mercureux et amalgame d'argent.

4. Analyse quantitative d'un mélange de gaz. — Les gaz étant infiniment plus faciles à mesurer qu'à peser, on détermine et on exprime toujours leur composition en volumes; pour apprécier ces volumes on fait usage d'éprouvettes ou de tubes gradués, en centimètres cubes et dixièmes de centimètre cube, reposant sur la cuve à eau ou sur la cuve à mercure, suivant les cas (fig. 1).

Les mesures, pour être comparatives, doivent se faire toujours à la même température et sous la même pression; on réalise aisément ces conditions en maintenant la cloche graduée dans le liquide de la cuve pendant quelques minutes, de manière à lui faire partager sa température, qui reste sensiblement constante, et en la soulevant ensuite, jusqu'à ce que le niveau de l'eau ou du mercure soit sur un même plan horizontal, à l'intérieur et à l'extérieur. La division à laquelle affleure le liquide indique alors le volume qu'occupe le gaz, à la température de la cuve et sous la pression barométrique actuelle; il faut éviter de tenir longtemps le tube à la main, de façon à prévenir tout échauffement anormal.

Fig. 1. — Tube à gaz gradué.

Les gaz se mesurent généralement saturés de vapeur d'eau; si l'on fait usage, au cours de l'analyse, d'un réactif déshydratant, tel que l'acide sulfurique, il faut mouiller légèrement les parois du tube mesureur, avant d'y introduire les gaz, de manière à les saturer de nouveau.

Dans la méthode dite *des absorbants* on détermine le volume du gaz à doser par différence, en mesurant le volume du mélange avant et après l'action d'un réactif choisi de telle manière qu'il n'absorbe que le gaz en question.

Les réactifs absorbants doivent être placés dans des éprouvettes ordinaires et non dans les appareils mesureurs; les transvasements nécessaires sont facilités par l'emploi d'un petit entonnoir, que l'on dispose au-dessous de l'éprouvette ou du tube gradué.

La méthode *eudiométrique*, employée surtout pour le dosage des gaz combustibles, consiste à brûler ceux-ci dans un eudiomètre, en présence d'un excès d'oxygène (fig. 2); le volume du gaz analysé, la *contraction* qui se produit au passage de l'étincelle électrique et le volume de l'acide carbonique apparu fournissent trois données distinctes qui permettent, par un calcul simple, de doser simultanément trois gaz combustibles. La même méthode est applicable au dosage de l'oxygène et à celui du protoxyde d'azote, en ajoutant au mélange qui renferme ces gaz un excès d'hydrogène.

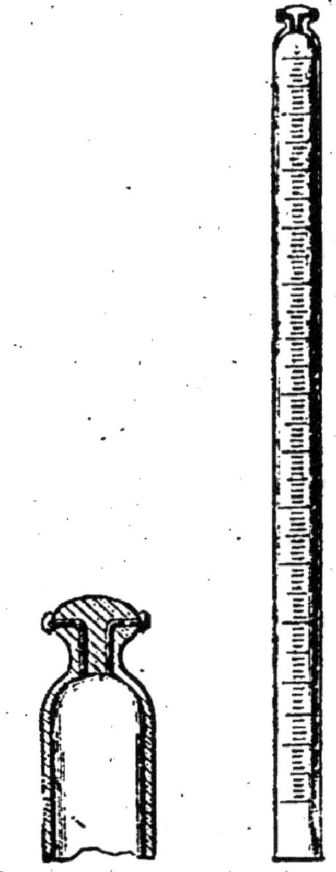

Fig. 2. — Eudiomètre de Riban.

Le tableau suivant donne les indications nécessaires au calcul des analyses eudiométriques, pour *un* volume de chacun des gaz qui peuvent être dosés ainsi (1) :

(1) Ces nombres sont donnés par l'équation qui exprime la

	H	O	Az^2O	CO	CH^4	C^2H^2	C^2H^4	C^2Az^2
Contraction..	$\frac{3}{2}$	3	1	$\frac{1}{2}$	2	$\frac{3}{2}$	2	0
CO^2 produit..	0	0	0	1	1	2	2	2
Az dégagé...	0	0	0	0	0	0	0	1

Remarque. — Lorsqu'un gaz combustible ne se trouve dans un mélange qu'en proportion trop faible pour qu'il puisse détoner dans l'eudiometre, en présence d'oxygène, on y ajoute une petite quantité de *gaz de la pile*, c'est-à-dire d'un mélange tonnant d'hydrogène et d'oxygène que l'on prépare dans un voltamètre. L'explosion de ce gaz de la pile entraine celle du gaz recherché et il est inutile de mesurer son volume, puisqu'en brûlant il donne uniquement de la vapeur d'eau qui se condense.

Exemples : *1. Analyse des gaz d'un four à pyrites.* — Ces gaz, résultant du grillage de la pyrite FeS^2 à l'air, renferment de l'anhydride sulfureux, de l'oxygène et de l'azote ; pour en déterminer la composition on mesure, *sur la cuve à mercure*, un volume quelconque du mélange, puis on le fait passer dans

---

réaction accomplie dans l'eudiomètre, par exemple, dans le cas de l'acétylène, par la formule

$$C^2H^2 + 5O = 2CO^2 + H^2O,$$

dans laquelle on voit que deux volumes d'acétylène, en réagissant sur 5 volumes d'oxygène, donnent une contraction égale à $2 + 5 - 4 = 3$ et un dégagement d'acide carbonique égal à 4.

une éprouvette dont les parois ont été imprégnées à l'avance de potasse caustique ; la diminution de volume du gaz mesure l'anhydride sulfureux qui a été absorbé. On traite alors le résidu, dans une autre éprouvette, par un mélange de pyrogallol et de potasse, ou encore par une solution ammoniacale de chlorure cuivreux, qui absorbent l'oxygène, et le gaz restant, qui est de l'azote pur, est de nouveau mesuré. L'oxygène est alors connu par différence ; il aurait été possible de le doser directement au moyen de l'eudiomètre, en faisant détoner le résidu avec un léger excès d'hydrogène.

Remarque. — Quand l'anhydride sulfureux est mélangé d'anhydride carbonique on sépare ces deux gaz au moyen du borax qui n'absorbe que le premier.

II. Analyse des produits de combustion gazeux d'un foyer ordinaire. — Nous nous trouvons ici en présence d'un mélange d'anhydride carbonique, d'oxyde de carbone, d'oxygène et d'azote ; pour en trouver la composition on absorbera d'abord l'anhydride carbonique, par une lessive alcaline, puis l'oxygène, par un mélange de pyrogallol et de potasse, et enfin l'oxyde de carbone, par le chlorure cuivreux ammoniacal. L'azote reste seul à la fin de l'expérience et la diminution de volume que subit le mélange gazeux au contact des réactifs précédents donne la mesure de chacun des gaz absorbés.

III. Analyse du gaz d'éclairage. — Supposons un gaz d'éclairage formé d'hydrogène, d'acide sulfhydrique, d'acide carbonique, d'oxyde de carbone, de méthane, d'éthylène et d'azote ; on commencera par éliminer l'acide sulfhydrique avec quelques gouttes d'acétate de plomb, puis on absorbera l'acide carbonique par la potasse, l'éthylène par le brome et l'oxyde de carbone par le chlorure cuivreux ammoniacal; le résidu, qui ne renferme plus que de l'hydrogène, du méthane et de l'azote, sera alors soumis à l'analyse eudiométrique. Si nous représentons par V le volume du gaz introduit dans l'eudiomètre, par V_1 le volume de l'oxygène ajouté, par V_2 le volume du gaz restant après le passage de l'étincelle électrique et enfin par V_3 et V_4 les volumes du même gaz, soumis successivement à l'action de la potasse et à celle du pyrogallol potassé, la contraction est égale à $V + V_1 - V_2$ et l'acide carbonique produit à $V_2 - V_3$; les quantités x, y et z d'hydrogène, de méthane et d'azote contenues dans le volume V de résidu seront alors données par les équations

$$\frac{3}{2}x + 2y = V + V_1 - V_2$$
$$y = V_2 - V_3$$
$$z = V_4$$

qui résultent immédiatement du tableau ci-dessus.

CHAPITRE II

ANALYSE DES SELS

5. Généralités. — Les sels résultant de la substitution d'un métal à l'hydrogène d'un acide, leur détermination exige nécessairement la connaissance de l'acide d'où ils dérivent et celle du métal qu'ils contiennent. En conséquence, l'analyse des sels comprend deux opérations distinctes, que nous allons examiner successivement, sous les titres : *Recherche de l'acide* et *recherche du métal*.

La méthode étant fondée tout entière sur l'emploi des réactions caractéristiques de chaque *genre* et de chaque *espèce* de sel, nous rappellerons d'abord les principales de ces réactions.

TABLEAU

CARACTÈRES ANALYTIQUES DES PRINCIPAUX SELS.

GENRE DU SEL.	ACIDE SULFURIQUE.	AZOTATE DE BARYUM.	AZOTATE D'ARGENT.	REMARQUES GÉNÉRALES.
ARSENIATES	Rien.	Précipité blanc.	Pr. rouge sol. dans AzO^3H et AzH^3.	Les sels monométalliques sont généralement solubles; les autres sont insolubles, sauf les arseniates alcalins.
ARSENITES	Pr. de As^2O^3 (lent).	Pr. blanc.	Pr. jaune sol. dans AzO^3H et AzH^3.	Les arsenites alcalins sont seuls solubles dans l'eau.
AZOTATES	Rien à froid.	Rien.	Rien.	Tous les azotates sont solubles. Vapeurs rutilantes avec $SO^4H^2 + Cu$ à chaud. Coloration rouge avec $SO^4H^2 + SO^4Fe$.
AZOTITES	Vap. rutilantes.	Rien.	Pr. blanc.	Généralement solubles. Coloration rouge avec $SO^4H^2 + SO^4Fe$. Décolorent le permanganate en sol. acide.
BORATES	Pr. blanc cristallin en sol. concentrée.	Pr. blanc.	Pr. blanc sol. dans AzO^3H et AzH^3.	Les borates alcalins seuls sont solubles. Le précipité fourni par SO^4H^2 colore en vert la flamme de l'esprit de bois.
BROMURES	Vap. blanches de HBr et coloration orangée.	Rien.	Pr. jaune pâle sol. dans AzH^3, insol. dans AzO^3H.	Généralement solubles, sauf ceux de Pb, Cu^2, Hg^2 et Ag. Vap. rouges avec $SO^4H^2 + MnO^2$, à chaud.
CARBONATES	Effervescence de CO^2, incol et inod.	Pr. blanc sol. dans AzO^3H.	Pr. blanc sol. dans AzO^3H et AzH^3.	Les carbonates alcalins sont seuls solubles dans l'eau. Effervescence avec tous les acides forts.
CHLORATES	Color. rouge; odeur de chlore.	Rien.	Rien.	Généralement solubles; dégagent de l'oxygène quand on les calcine.
CHLORURES	Vap. blanches de HCl sans coloration.	Rien.	Pr. blanc noircissant au soleil, sol. dans AzH^3, insol. dans AzO^3H.	Tous solubles, sauf ceux de Pb, Cu^2, Hg^2 et Ag. Dégagent du chlore avec $SO^4H^2 + MnO^2$, à chaud.
CHROMATES ..... *(jaunes ou rouges)*	Rien en solution étendue.	Pr. jaune.	Pr. rouge.	Les chromates alcalins sont seuls très solubles. $Pb(C^2H^3O^2)^2$: pr. jaune de chrome.
CYANURES	Odeur d'amandes amères.	Rien.	Pr. blanc sol. dans AzH^3 et KCy, insol. dans AzO^3H.	Les cyanures alcalins, le cyanure de mercure et beaucoup de cyanures doubles sont solubles dans l'eau.

GENRE DU SEL.	ACIDE SULFURIQUE.	AZOTATE DE BARYUM.	AZOTATE D'ARGENT.	REMARQUES GÉNÉRALES.
FLUORURES.....	Vap. blanches attaquant le verre (surtout à chaud).	Pr. blanc.	Rien.	Les fluorures alcalino-terreux sont insolubles. Le fluorure d'argent est soluble.
HYPOCHLORITES..	Effervescence; odeur de chlore.	Rien.	Pr. blanc sol. dans AzH^3.	Les hypochlorites sont solubles dans l'eau. Décolorent la teinture d'indigo.
HYPOSULFITES..	Pr. jaune de soufre; odeur de SO^2.	Pr. blanc.	Pr. blanc devenant noir.	Généralement solubles; les hyposulfites de métaux lourds se dissolvent dans les hyposulfites alcalins.
IODURES	Vap. blanches de HI; color. brune d'iode.	Rien.	Pr. jaune insol. dans AzO^3H et AzH^3.	Les iodures sont solubles, sauf ceux de plomb, de cuivre (minimum), de mercure et d'argent. $HgCl^2$: pr. rouge de HgI^2 sol. dans KI en excès. AzO^3H fumant : pr. brun d'iode. De même avec Cl.
PERCHLORATES..	Rien à froid.	Rien.	Rien.	Les perchlorates dégagent tous de l'oxygène quand on les calcine; ils donnent avec KCl un pr. blanc, cristallin, de ClO^4K, soluble dans l'eau chaude.
PHOSPHATES ...	Rien.	Pr. blanc sol. dans AzO^3H et HCl.	Métaph : pr. blanc. Pyroph : pr. blanc. Orthoph : pr. jaune; tous trois solubles dans AzO^3H et AzH^3.	Les phosphates alcalins et quelques phosphates monométalliques sont seuls solubles dans l'eau. Chauffés avec de l'eau acidulée par AzO^3H, ils se changent tous en orthophosphates qui donnent : avec le citrate de magnésium, en présence d'un excès de AzH^3, un pr. blanc sol. dans les acides forts, et avec le molybdate d'ammoniaque, en présence d'un excès de AzO^3H, un pr. jaune sol. dans AzH^3.
SILICATES......	Pr. blanc gélatineux, surtout par addition ultérieure de AzH^3.	Pr. blanc.	Pr. gris-brun.	Les silicates alcalins sont seuls solubles. HFl : dégagement de $SiFl^4$ fumant, qui précipite avec l'eau de la silice gélatineuse.
SULFATES	Rien.	Pr. blanc insol. dans tous les réactifs.	Rien en sol. étendue.	Tous solubles, excepté ceux de Ca, Sr, Ba et Pb. Réduits par le charbon, au rouge, à l'état de sulfures.
SULFITES	Effervescence et odeur de SO^2.	Pr. blanc.	Pr. blanc.	Généralement solubles; les oxydants énergiques les changent en sulfates.
SULFURES......	Effervescence et odeur de H^2S (sauf pour les sulfures de métaux lourds).	Rien.	Pr. noir.	Les sulfures alcalins et alcalino-terreux sont seuls solubles. L'eau régale bouillante les change tous en sulfates.

ESPÈCE DU SEL.	ACIDE sulfhydrique.	SULFHYDRATE d'ammoniaque.	POTASSE ou soude.	AMMONIAQUE.	CARBONATES alcalins.	RÉACTIONS SPÉCIALES.
ALUMINIUM...	Rien.	Pr. blanc gélat. de $Al^2(OH)^6$.	Pr. blanc gélat. de $Al^2(OH)^6$, sol. dans un excès.	Pr. blanc gélat. de $Al^2(OH)^6$, peu sol. dans un excès.	Comme $(AzH^4)^2S$.	SO^4K^2 en sol. concentrée : pr. blanc cristallin d'alun.
AMMONIUM....	Rien.	Rien.	Odeur de AzH^3.	Rien.	Odeur ammoniacale (surtout à chaud).	$PtCl^4$: pr. jaune cristallin. ClO^4H : rien.
ANTIMOINE...	Pr. rouge orangé de Sb^2S^3.	Pr. rouge orangé sol. dans un excès.	Pr. blanc.	Comme KOH.	Comme KOH.	Taches et anneaux noirs de Sb dans l'appareil de Marsh.
ARGENT......	Pr. noir de Ag^2S.	Comme H^2S.	Pr. brun de AgOH.	Pr. brun très sol. dans un excès.	Pr. blanc de CO^3Ag^2.	HCl : pr. blanc de AgCl, sol. dans AzH^3, insol. dans AzO^3H, noircissant à la lumière.
BARYUM......	Rien.	Rien.	Pr. blanc de $Ba(OH)^2$ en sol. concentrée.	Comme KOH.	Pr. blanc de CO^3Ba sol. dans HCl.	SO^4H^2 : pr. blanc insol. dans tous les réactifs. $SiFl^6H^2$: pr. blanc. Flamme : color. verte.
CALCIUM......	Rien.	Rien.	Pr. blanc de $Ca(OH)^2$.	Comme KOH.	Pr. blanc de CO^3Ca sol. dans HCl.	SO^4H^2 : pr. blanc. $SiFl^6H^2$: rien. Flamme : color. orangée. $C^2O^4(AzH^4)^2$: pr. blanc.
CHROME.... (*sels verts ou violets*)	Rien.	Pr. vert-gris de $Cr^2(OH)^6$.	Pr. vert de $Cr^2(OH)^6$.	Comme KOH.	Comme KOH.	Par fusion avec AzO^3K se changent en chromates.
COBALT....... (*sels rouges*)	Rien.	Pr. noir de CoS insol. dans HCl.	Pr. bleu de $Co(OH)^2$ devenant vert sale à l'air.	Pr. bleu sol. en brun dans excès.	Pr. violet clair de CO^3Co.	AzO^2K en sol. acétique : pr. jaune. Borax fondu : color. bleue.
CUIVRE....... (*sels bleus ou verts*)	Pr. noir de CuS.	Pr. noir de CuS.	Pr. bleu de $Cu(OH)^2$ noircissant à chaud.	Pr. bleu verdâtre sol. en bleu céleste dans un excès.	Pr. bleu verdâtre.	$FeCy^6K^4$: pr. brun. Fe : dépôt de Cu.
ÉTAIN (min.)..	Pr. brun de SnS.	Pr. brun de SnS sol. dans grand excès.	Pr. blanc d'hydrate sol. dans excès.	Pr. blanc d'hydrate insol. dans excès.	Comme AzH^3.	$HgCl^2$: pr. blanc de calomel.
ÉTAIN (max.).	Pr. jaune de SnS^2.	Pr. jaune de SnS^2 sol. dans excès.	Pr. blanc d'hydrate sol. dans excès.	Pr. blanc d'hydrate insol. dans excès.	Comme AzH^3.	$HgCl^2$: rien. $AuCl^3$: pr. brun avec un mélange de sels stanneux et stanniques.
FER (min.)... (*sels verts*)	Rien.	Pr. noir de FeS sol. dans HCl.	Pr. verdâtre de $Fe(OH)^2$ devenant rouge à l'air.	Comme KOH.	Comme KOH.	$FeCy^6K^4$: pr. bleu clair devenant bleu foncé à l'air. $Fe^2Cy^{12}K^6$: pr. bleu intense. MnO^4K : décoloré. Tannin : rien ou presque rien.

ESPÈCE DU SEL.	ACIDE sulfhydrique.	SULFHYDRATE d'ammoniaque	POTASSE ou soude.	AMMONIAQUE.	CARBONATES alcalins.	RÉACTIONS SPÉCIALES.
FER (max.) .. (*sels rouges ou blancs*).	Pr. jaune de S.	Pr. noir de FeS mélangé de S.	Pr. rouge gélat. de $Fe^2(OH)^6$.	Comme KOH.	Comme KOH.	$FeCy^6K^4$: pr. bleu de Prusse. $Fe^2Cy^{12}K^6$: color. rouge. MnO^4K : rien. Tannin : color. noire d'encre.
MAGNÉSIUM...	Rien.	Rien.	Pr. blanc gélat. de $Mg(OH)^2$.	Comme KOH ; rien en présence de sels ammoniacaux.	Pr. blanc de CO^3Mg : rien en présence de sels ammoniacaux.	$PO^4HNa^2 + AzH^4Cl + AzH^3$: pr. blanc de phosphate ammoniaco-magnésien sol. dans HCl.
MANGANÈSE... (*sels roses*)	Rien.	Pr. jaune rose de MnS sol. dans HCl.	Pr. blanc de $Mn(OH)^2$ noircissant à l'air.	Comme KOH.	Pr. blanc de CO^3Mn brunissant à l'air.	Borax fondu : color. violette. CO^3Na^2 fondu : col. verte.
MERCURE..... (min.)	Pr. noir de Hg^2S.	Comme H^2S.	Pr. noir de Hg^2O.	Comme KOH.	Comme KOH à chaud.	HCl : pr. blanc de Hg^2Cl^2. KI : pr. vert jaune de Hg^2I^2. Cu : dépôt de Hg.
MERCURE..... (max.)	Pr. noir de HgS.	Comme H^2S.	Pr. jaune de HgO.	Pr. blanc.	Pr. rouge-brun. $CO^3(AzH^4)^2$: pr. blanc.	HCl : rien. KI : pr. rouge sol. dans excès. Cu : dépôt de Hg.
NICKEL....... (*sels verts*)	Rien.	Pr. noir de NiS insol. dans HCl.	Pr. vert clair de $Ni(OH)^2$.	Léger pr. sol. en bleu dans excès.	Pr. vert de CO^3Ni. $CO^3(AzH^4)^2$ comme AzH^3.	AzO^2K en sol. acétique : rien.
OR.......... (*sels jaunes*)	Pr. brun de Au^2S^3.	Pr. brun de Au^2S^3 sol. dans un excès.	Pr. orangé très sol. dans un excès.	Pr. orangé insol. dans un excès.	Rien à froid. $CO^3(AzH^4)^2$: pr. jaune.	SO^4Fe : pr. brun de Au. KCl ou AzH^4Cl : rien.
PLATINE ..... (*sels jaunes*)	Pr. brun de PtS^2, surtout à chaud.	Pr. brun de PtS^2 sol. dans un excès.	KOH en présence de chlorures : pr. jaune. NaOH : rien à froid.	En présence de chlorures : pr. jaune.	CO^3K^2 ou $CO^3(AzH^4)^2$: pr. jaune. CO^3Na^2 : rien à froid.	SO^4Fe : rien. KCl ou AzH^4Cl : pr. jaune.
PLOMB	Pr. noir de PbS.	Comme H^2S.	Pr. blanc d'hydrate sol. dans un excès.	Pr. blanc d'hydrate insol. dans excès.	Pr. blanc de CO^3Pb.	SO^4H^2 : pr. blanc. HCl : pr. blanc. CrO^4K^2 ou KI : pr. jaune.
POTASSIUM...	Rien.	Rien.	Rien.	Rien.	Rien.	ClO^4H : pr. blanc. $PtCl^4$: pr. jaune. Flamme : color. violacée.
SODIUM	Rien.	Rien.	Rien.	Rien.	Rien.	ClO^4H ou $PtCl^4$: rien. Flamme : color. jaune.
STRONTIUM...	Rien.	Rien.	Pr. blanc de $Sr(OH)^2$.	Comme KOH.	Pr. blanc de CO^3Sr.	SO^4H^2 : pr. blanc. $SiFl^6H^2$: rien. Flamme : col. rouge vif.
ZINC..........	Rien en sol. acide. Pr. blanc de ZnS en sol. neutre.	Pr. blanc de ZnS.	Pr. blanc gélat. de $Zn(OH)^2$ sol. dans un excès.	Comme KOH.	Pr. blanc gélat. de CO^3Zn.	»

Recherche de l'acide d'un sel soluble dans l'eau.

6. — Le principe de la méthode consiste à mettre en évidence l'acide du sel, soit en le dégageant en nature de sa combinaison métallique par un acide plus fort que lui, soit en lui faisant produire une réaction déterminée, par exemple un précipité d'aspect caractéristique.

Si l'acide que l'on recherche est gazeux ou simplement volatil à la température ordinaire, on pourra le reconnaître à son odeur ou par la méthode indiquée précédemment à propos de l'analyse des gaz; s'il est insoluble et peu volatil, on le verra se précipiter et prendre immédiatement la forme qui lui est habituelle à l'état libre.

Tous ces essais peuvent être effectués en quelques instants, sur une très petite quantité de matière à la fois, et en suivant toujours la même marche systématique; aussi croyons-nous inutile d'insister davantage sur le détail des opérations : le tableau qui suit renseignera mieux à ce sujet que les explications les plus étendues.

Remarques. — 1° Si le sel étudié renfermait du plomb ou un métal alcalino-terreux, il se produirait nécessairement, sous l'action de l'acide sulfurique, un précipité blanc de sulfate qui pourrait induire en erreur. En pareil cas, il faut recommencer l'essai avec de l'acide azotique : s'il se produit encore un précipité, on peut conclure avec certitude à la présence d'un acide insoluble, car tous les azotates sont solubles dans l'eau.

2° Le précipité d'acide borique ne se forme qu'en liqueur concentrée; pour le caractériser sûrement, il

DÉTERMINATION DE L'ACIDE D'UN SEL SOLUBLE

Traitement	Résultat	Caractère	Détail	Sous-détail	Acide
Le sel, à l'état solide ou en dissolution concentrée, est traité par l'acide sulfurique........	Effervescence ou production d'une odeur caractéristique.....	Gaz incol., inod., troublant l'eau de chaux....................			CO^2
		Gaz incol. odeur d'œufs pourris..............................			H^2S
		Gaz fumant, odeur piquante...........	Le sel ne se colore pas...		HCl
			Le sel devient jaune orangé........ ...		HBr
			Le sel devient brun......................		HI
		Fumées blanches attaquant le verre..........................			HFl
		Vapeur rutilantes..			AzO^2H
		Odeur de S brûlé, sans précipité..............................			SO^2
		Odeur de S brûlé, avec précipité de S.......................			$S^2O^3H^2$
		Odeur de chlore....	Le sel ne se colore pas...........		ClOH
			Le sel devient rouge...................		ClO^3H
		Odeur d'amandes amères.....			CyH
	Pr. blanc (le sel ne contient ni Ca, ni Sr, ni Ba, ni Pb)..	Amorphe, gélatineux..			SiO^2
		Cristallin	Volatil....................................		As^2O^3
			Fus. et fixe ; sol. dans l'eau chaude...		B^2O^3
	Rien ; le sel, en dissolution étendue, est traité par AzO^3Ag.	Pr. blanc, sol. dans AzO^3H........................		PO^3H ou	$P^2O^7H^4$
		Pr. jaune, sol. dans AzO^3H..................................			PO^4H^3
		Pr. rouge........ ...	Le sel est incolore		AsO^4H^3
			Le sel est jaune ou rouge..............		CrO^3
		Rien ; le sel, en dissolution aqueuse, est traité par $Ba(AzO^3)^2$.	Pr. blanc, insol. dans tous les réactifs.		SO^4H^2
			Rien ; on chauffe le sel avec SO^4H^2 + Cu....	Vap. rouges .	AzO^3H
				Rien..........	ClO^4H

convient d'en recueillir une portion et de s'assurer qu'il colore en vert la flamme de l'alcool ou de l'esprit de bois.

Recherche du métal d'un sel soluble dans l'eau.

7. — Le métal d'un sel se reconnaît par les précipités qu'il donne avec certains réactifs convenablement choisis, dont les principaux sont : l'*acide chlorhydrique*, l'*acide sulfhydrique*, le *sulfhydrate d'ammoniaque*, les *carbonates alcalins*, le *phosphate de sodium*, la *potasse* et le *chlorure de platine*. On les emploie toujours dans le même ordre et en ayant soin de n'opérer que sur très peu de matière à la fois, ainsi que nous l'avons déjà dit au sujet de la recherche des acides.

Le tableau suivant donne la marche à suivre pour trouver, à l'aide de ces réactifs, le métal que renferme un sel soluble vulgaire, supposé pur.

Remarques. — 1° Si le sel essayé renferme de l'acide silicique, de l'acide arsénieux ou de l'acide borique, le métal que l'on recherche est nécessairement un métal alcalin ; on traite alors le sel par un léger excès d'acide chlorhydrique, pour le transformer en chlorure, on évapore à sec dans une petite capsule de porcelaine, on reprend par l'eau, on filtre et on passe directement à l'avant-dernier essai.

2° Lorsque le sel renferme de l'acide chromique ou du fer au maximum, l'hydrogène sulfuré donne un précipité jaune de soufre qui pourrait être confondu avec le sulfure stannique ou le sulfure de cadmium ; on le reconnaît à ce qu'il brûle à l'air en dégageant de l'anhydride sulfureux, sans produire de fumées ni laisser de résidu.

DÉTERMINATION DU MÉTAL D'UN SEL SOLUBLE

- Le sel, en dissolution étendue, est traité par HCl.
  - Pr. blanc (le sel ne contient ni SiO^2, ni As^2O^3, ni B^2O^3).
    - Le précipité se dissout dans AzH^3 .... Ag
    - Le précipité ne se dissout pas dans AzH^3 .... Pb
    - Le précipité noircit dans AzH^3 .... (Hg minimum).
  - Rien ; on ajoute une dissolution de H^2S.
    - Pr. noir ou brun de sulfure.
      - Le sel est blanc...
        - Précipite Hg sur Cu... (Hg maximum).
        - Rien avec Cu.......... Sn (minimum).
      - Le sel est bleu ou vert.......... Cu
      - Le sel est jaune...
        - Précipite avec KCl.......... Pt
        - Rien avec KCl.......... Au
    - Précipité orangé (Sb^2S^3 .... Sb
    - Pr. jaune de sulfure...
      - Soluble dans $(AzH^4)^2S$ .... Sn (maximum).
      - Insoluble dans $(AzH^4)^2S$ .... Cd
    - Rien ; on ajoute AzH^3 et $(AzH^4)^2S$.
      - Pr. noir de sulfure...
        - Soluble dans HCl.......... Fe
        - Insoluble dans HCl...
          - Le sel est vert.......... Ni
          - Le sel est rouge.......... Co
      - Précipité jaune rose (MnS) .... Mn
      - Précipité vert (Cr^2O^3).......... Cr
      - Pr. blanc ; le sel donne avec AzH^3 un précipité ....
        - soluble dans un excès (ZnO).......... Zn
        - insoluble dans un excès (Al^2O^3).......... Al
      - Rien ; on traite le sel par AzH^4Cl et $CO^3(AzH^4)^2$.
        - Pr. blanc de carbonate ; le sel colore les flammes en
          - rouge orangé.......... Ca
          - rouge vif.......... Sr
          - vert .... Ba
        - Rien ; on ajoute PO^4HNa^2.
          - Pr. blanc ($PO^4MgAzH^4 + 6H^2O$).. .... Mg
          - Rien ; on traite le sel par KOH.
            - Dégagement d'ammoniaque..... AzH^4
            - Rien ; on essaie $PtCl^4$.
              - Pr. jaune ($PtCl^6K^2$). K
              - Rien .... Na

3° Les arsénites et les arséniates, en liqueur chlorhydrique, donnent aussi avec l'hydrogène sulfuré un précipité jaune, qui est du sulfure d'arsenic ; on le reconnaît à ce qu'il brûle à l'air en dégageant de l'anhydride sulfureux et des fumées d'anhydride arsénieux.

4° Il est indispensable, dans l'essai au sulfhydrate d'ammoniaque, d'ajouter d'abord au liquide acide une quantité d'ammoniaque suffisante pour lui donner une réaction franchement alcaline; autrement il se précipiterait du soufre.

Détermination d'un sel insoluble dans l'eau.

8. — Les méthodes que nous venons de décrire, et plus généralement toutes les méthodes dites par *voie humide*, exigent que la matière à analyser soit soluble dans l'eau; si elle ne l'est pas, on cherche alors à la dissoudre dans un autre liquide, par exemple un acide étendu, de manière à être ramené au cas précédent.

Il faut alors procéder par tâtonnements, jusqu'à ce que l'on ait trouvé un dissolvant convenable : on essaie d'ordinaire, en premier lieu, l'acide chlorhydrique, qui dissout tous les carbonates, phosphates, arséniates ou borates insolubles dans l'eau, ainsi qu'une grande quantité de sulfures métalliques, puis l'eau régale bouillante, qui attaque les sulfures insolubles, dans l'acide chlorhydrique seul. Il ne faut pas oublier dans ce cas, que l'eau régale agit surtout comme oxydant et qu'elle transforme lesdits sulfures en sulfates, les sulfites ou hyposulfites également en sulfates, les arsénites en arséniates, les sels ferreux en sels ferriques, les sels mercureux en sels mercuriques, etc.

S'il s'agit de silicates inattaquables par les réactifs précédents, on remplace ceux-ci par l'acide fluorhydrique, qui transforme la silice en fluorure de silicium gazeux, facile à reconnaître au précipité de silice gélatineuse qu'il donne au contact de l'eau ; pour cela, on chauffe doucement la matière à analyser, réduite au préalable en poudre fine, avec de l'acide fluorhydrique ou du fluorhydrate d'ammoniaque dans une petite cornue de platine ou même une simple capsule du même métal, jusqu'à décomposition complète. Le métal du silicate reste comme résidu, à l'état de fluorure, et peut dès lors se reconnaître en appliquant la méthode générale.

Dans d'autres cas, on réussit à déterminer un sel insoluble en le chauffant avec du carbonate de sodium, au rouge, ou simplement en solution bouillante : le métal du sel passe à l'état de carbonate insoluble et l'acide cherché, à l'état de sel de sodium soluble : on reprend alors par l'eau, on filtre, et dans la liqueur filtrée on recherche l'acide, comme il a été dit plus haut. Enfin, on dissout le carbonate qui est resté sur le filtre dans un peu d'acide chlorhydrique et on détermine son métal par les procédés connus.

Cette méthode convient très bien pour l'analyse des sulfates de calcium ou de strontium.

Analyse d'un mélange de deux sels.

9. Généralités. — Lorsque plusieurs sels se trouvent réunis, les réactions particulières à chacun de leurs acides ou de leurs métaux se superposent et, par suite, deviennent plus difficiles à saisir ; il faut alors procéder par élimination, caractériser d'abord l'un des sels contenus dans le mélange, à l'aide de réactifs qui ne touchent qu'à lui seul, puis l'enlever, s'il est possible, par précipitation ou par tout autre moyen, et continuer la recherche, toujours de la même manière, sur le reste du mélange. L'opération est longue et même assez pénible quand il s'agit de produits très complexes; elle est relativement simple lorsque la matière à analyser ne renferme que deux sels différents.

Nous n'examinerons ici que ce seul cas, en procédant comme pour la détermination d'un sel unique, c'est-à-dire en caractérisant d'abord les acides, puis les métaux que renferme le mélange.

Nous ferons remarquer à ce propos que le résultat de l'analyse ne donne aucune indication sur la nature des corps qui ont servi à constituer un pareil mélange: en effet, dès que deux sels se trouvent réunis dans une même dissolution, ils se décomposent et se transforment partiellement en deux autres sels renfermant encore les mêmes acides et les mêmes métaux. C'est ainsi, par exemple, qu'une liqueur dans laquelle on trouve à la fois de l'acide azotique, de l'acide sulfurique, du potassium et du cuivre, peut aussi bien résulter du mélange de l'azotate de cuivre avec le sulfate de potassium que de celui de l'azotate de potassium avec le sulfate de cuivre. Il faut donc être prudent dans les conclusions que l'on peut déduire d'une semblable recherche.

10. Détermination des acides. — On procédera encore comme pour la détermination d'un acide unique, c'est-à-dire que l'on commencera par traiter le sel, à froid, par l'acide sulfurique concentré: s'il se produit un dégagement de gaz ou de vapeurs odorantes, il y a bien des chances pour que l'on puisse en reconnaître immédiatement au moins un. Si les deux acides sont gazeux à la température ordinaire, on en recueillera une petite quantité sur la cuve à mercure et on déterminera leur composition par la méthode générale d'analyse des gaz; sinon on essaiera, sur le mélange même des deux sels, chacune des réactions spéciales à l'acide que l'odeur a fait soupçonner.

Si l'un seulement des deux acides est gazeux et l'autre insoluble dans l'eau, on reconnaîtra ce dernier à ses caractères habituels, ainsi que nous l'avons dit à propos de la détermination d'un sel unique.

Si le second acide n'est ni gazeux ni odorant, ni peu soluble à froid, on traitera le mélange des sels, en dissolution étendue, d'abord par l'azotate d'argent, puis par l'acide azotique faible : s'il se forme un précipité insoluble dans ces conditions, on filtre et on examine la liqueur claire, qui renferme tous les acides inodores et solubles qui pouvaient se trouver dans le mélange ; par addition d'un peu d'ammoniaque, employée juste en quantité suffisante pour neutraliser le liquide, on précipitera le phosphate, l'arséniate ou le chromate d'argent, immédiatement reconnaissables. Si l'ammoniaque ne donne rien, on ajoutera au mélange primitif de l'azotate de baryum et un excès d'acide azotique, qui donnera un précipité blanc de sulfate de baryum s'il contient de l'acide sulfurique; enfin, si ce dernier réactif ne donne encore rien de visible, on recherchera directement l'acide azotique et l'acide perchlorique. Nous rappellerons à ce sujet que tous les perchlorates se changent par la calcination en chlorures, précipitables par l'azotate d'argent, et en oxygène qui se dégage.

Si les deux acides sont l'un et l'autre insolubles, on les reconnaîtra sans peine à leur aspect : la silice à son état gélatineux, l'acide borique à sa solubilité dans l'eau chaude et l'anhydride arsénieux à sa volatilité, ou encore au précipité jaune qu'il fournit avec l'acide sulfhydrique.

Si, enfin, aucun des deux acides n'a pu être reconnu par l'essai à l'acide sulfurique on traitera le mélange salin comme il a été dit plus haut, par l'azotate d'argent acidulé d'acide azotique, puis, après filtration, par l'ammoniaque, jusqu'à neutralité complète ; s'il se produit un précipité blanc ou jaune, c'est que le mélange contient de l'acide phosphorique, sans acide arsénique; si le précipité est rouge, le liquide étant incolore, c'est qu'il renferme de l'acide arsénique, accompagné peut-être d'acide phosphorique. Pour déceler celui-ci, on traite alors une petite quantité des sels primitifs par un léger excès de sulfhydrate d'ammoniaque, on acidule la liqueur par un peu d'acide azotique, on filtre pour séparer le sulfure d'arsenic et le soufre qui se précipitent, on chauffe un instant pour chasser l'acide sulfhydrique mis en liberté et on recommence l'essai à l'azotate d'argent : s'il se produit, en liqueur neutre, un précipité jaune soluble dans l'acide azotique et dans l'ammoniaque, on peut affirmer la présence de l'acide phosphorique.

L'acide chromique est reconnaissable à sa seule coloration et aussi à ce que l'acide sulfureux en excès le transforme en sulfate de chrome vert; enfin on caractérisera l'acide sulfurique comme à l'ordinaire, par l'azotate de baryum, l'acide azotique par le cuivre et l'acide sulfurique, et l'acide perchlorique par le précipité blanc qu'il donne avec les sels de potassium ou le dégagement d'oxygène qui se manifeste lorsqu'on chauffe le mélange salin au rouge sombre.

11. Détermination des métaux. — La recherche des métaux que renferme un mélange de sels est fondée sur l'emploi des mêmes réactifs qui nous ont déjà servi dans l'analyse d'un sel unique; pour en faire comprendre plus facilement l'application au cas actuel, nous établirons d'abord une classification *analytique* des métaux, ayant pour base précisément l'action que ces différents réactifs exercent sur les sels correspondants.

1er groupe : Métaux précipitables par l'acide chlorhydrique : Ag, Pb, Hg (minimum).

2e groupe : Métaux précipitables, en liqueur acide, par l'hydrogène sulfuré, et dont les sulfures sont solubles dans le sulfhydrate d'ammoniaque : Pt, Au, Sn, Sb.

3e groupe : Métaux précipitables, en liqueur acide, par l'hydrogène sulfuré, et dont les sulfures sont insolubles dans le sulfhydrate d'ammoniaque : Hg (maximum), Cu, Cd.

4e groupe : Métaux non précipitables par l'hydrogène sulfuré, en liqueur acide, mais précipitables par le sulfhydrate d'ammoniaque : Fe, Ni, Co, Mn, Cr, Zn, Al.

5e groupe : Métaux non précipitables par l'hydrogène sulfuré ni le sulfhydrate d'ammoniaque, mais précipitables par les carbonates alcalins : Ca, Sr, Ba, Mg.

6e groupe : Métaux non précipitables par l'hydrogène sulfuré, ni par le sulfhydrate d'ammoniaque, ni par les carbonates alcalins : AzH^4, K, Na.

Cela étant posé, on commencera par dissoudre les sels étudiés dans l'eau et on y ajoutera un peu d'acide chlorhydrique; s'il se produit un précipité de *chlorure*, avec ou sans effervescence, peu importe, on le recueillera sur un filtre pour y déterminer plus tard les métaux du premier groupe.

Dans le liquide filtré on fera passer jusqu'à refus un courant d'acide sulfhydrique, qui précipitera les métaux du second et du troisième groupes, puis, après filtration, on ajoutera au liquide un *excès* d'ammoniaque et du sulfhydrate d'ammoniaque, pour séparer à leur tour les métaux du quatrième groupe.

Dans le nouveau liquide, ne renfermant plus de métaux à sulfure insoluble, on ajoutera du carbonate d'ammoniaque pour précipiter les métaux alcalino-terreux; dans ces conditions, à cause des sels ammoniacaux que renferme le liquide, le magnésium reste dissous; après filtration, on le recherchera dans la liqueur claire, en ajoutant du phosphate de sodium, qui précipitera le magnésium cherché à l'état de phosphate ammoniaco-magnésien. Enfin, pour séparer les métaux alcalins qui peuvent se trouver dans le mélange, on traitera un nouvel échantillon de la matière à analyser successivement par l'acide sulfhydrique, le sulfhydrate et le carbonate d'ammoniaque, en filtrant chaque fois pour éliminer tous les métaux des cinq premiers groupes, on évaporera le liquide à sec, on calcinera légèrement le résidu pour volatiliser les sels ammoniacaux qui ont servi de réactifs et on reprendra finalement par l'eau : ce dernier liquide ne peut plus renfermer que les métaux alcalins. L'ammoniaque, si le mélange analysé en contient, se reconnaitra par un essai spécial, en traitant simplement la matière par une lessive de potasse.

On a ainsi isolé méthodiquement tous les métaux appartenant aux groupes définis plus haut ; il ne reste plus qu'à examiner les produits qu'on a obtenus au cours de chaque essai.

Si les deux métaux que l'on recherche appartiennent à des groupes différents, on les reconnaîtra aussi facilement que s'il s'agissait d'un métal unique ; s'ils font partie tous deux du même groupe, il faudra, pour les caractériser, avoir recours à des réactions spéciales ; nous allons indiquer, groupe par groupe, celles qui nous paraissent à la fois les plus simples et les plus sûres, dans les principaux cas qui peuvent se présenter.

1° *Les deux métaux appartiennent au premier groupe.* — Les métaux en question se trouvent, à l'état de chlorures, dans le premier précipité; pour y reconnaître l'argent et le mercure, il suffit de le traiter par l'ammoniaque; s'il s'y trouve du chlorure mercureux, la matière noircit, et s'il s'y trouve du chlorure d'argent, celui-ci se dissout; si alors on filtre et que l'on sursature le liquide alcalin par l'acide azotique, on aura un précipité blanc, noircissant à la lumière, de chlorure d'argent.

Quant au plomb, il suffit, pour le reconnaître, d'ajouter quelques gouttes d'acide sulfurique à la dissolution étendue des sels primitifs : il se forme un précipité blanc de sulfate de plomb, qui noircit par l'hydrogène sulfuré (distinction d'avec les sulfates alcalino-terreux).

2° *Les deux métaux appartiennent au deuxième groupe.* — On laisse digérer pendant quelque temps le précipité qu'a fourni l'acide sulfhydrique dans le sulfhydrate d'ammoniaque, puis on filtre et on réserve le résidu insoluble pour la recherche des métaux du troisième groupe.

Dans le liquide filtré, on ajoute un excès d'acide chlorhydrique qui précipite les sulfures du second groupe, on filtre et on dissout le précipité dans l'eau régale bouillante. Dans une fraction de la liqueur ainsi obtenue, convenablement évaporée, il sera facile de caractériser l'or par le sulfate ferreux (pr. brun d'or pulvérulent) et le platine par le chlorure de potassium (pr. jaune de chloroplatinate).

Pour reconnaître l'étain, on précipite tous les métaux que renferme la dissolution précédente par le zinc et on reprend le résidu par l'acide chlorhydrique bouillant, qui ne dissout que l'étain; on le caractérise alors par l'hydrogène sulfuré, qui donne avec le chlorure stanneux un précipité brun de sulfure.

L'antimoine est quelquefois assez difficile à reconnaître à côté de l'étain ; l'appareil de Marsh donne un moyen très sensible de déceler sa présence dans un mélange qui ne contient pas d'arsenic.

3° *Les deux métaux appartiennent au troisième groupe.* — On dissout comme ci-dessus les sulfures correspondants dans l'eau régale : si le liquide devient vert bleuâtre, on conclura à la présence du cuivre; pour rechercher le mercure, on plongera dans la liqueur acide une lame de cuivre, qui sera immédiatement amalgamée ; enfin, pour reconnaître le cadmium, il suffira de précipiter le cuivre ou le mercure par de la limaille de fer ou du zinc et de traiter le liquide filtré, encore acide, par l'acide sulfhydrique, qui donnera aussitôt un précipité jaune caractéristique de sulfure de cadmium.

4° *Les deux métaux appartiennent au quatrième groupe.* — On dissout le précipité fourni par le sulfhydrate d'ammoniaque dans l'acide chlorhydrique : s'il reste un résidu noir, c'est l'indice de la présence du nickel ou du cobalt; on reprend alors ce résidu par l'eau régale et on essaie sur la dissolution les réactions connues de ces deux métaux. Leur mélange est assez délicat à caractériser; cependant, il est facile de reconnaître même de petites quantités de cobalt, à côté du nickel, au moyen de l'azotite de potassium, en liqueur *acétique*, qui donne avec lui un précipité jaune d'azotite double de cobalt et de potassium.

La dissolution chlorhydrique obtenue plus haut peut contenir du fer, du manganèse, du chrome, du zinc ou de l'aluminium; pour les séparer, on ajoute un excès de potasse, qui précipite à chaud la totalité du fer, du manganèse et du chrome, et retient en dissolution le zinc et l'aluminium. Dans cette dissolution, on verse alors du chlorhydrate d'ammoniaque : s'il se produit un précipité (Al^2O^3), on pourra conclure à la présence de l'aluminium; si enfin la matière renferme du zinc, on devra avoir un précipité blanc en ajoutant du sulfhydrate d'ammoniaque à la liqueur séparée par filtration de l'alumine.

Pour connaître maintenant la nature des oxydes précipités par la potasse, on les redissout dans l'acide chlorhydrique et on recherche d'abord le fer au moyen du ferrocyanure de potassium (pr. de bleu de Prusse); ensuite on fond une partie de ces oxydes, dans un petit creuset de porcelaine, avec du carbonate de sodium et un peu de salpêtre : le chrome et le manganèse passent à l'état de chromate et de manganate alcalins, solubles dans l'eau, que l'on reconnait immédiatement à leur couleur jaune ou verte.

5° *Les deux métaux appartiennent au cinquième groupe.* — Le précipité fourni par le carbonate d'ammoniaque renferme le calcium, le strontium et le baryum, à l'état de carbonates; pour caractériser chacun de ces métaux, on dissout le précipité dans l'acide azotique, on évapore à sec et on reprend par l'alcool, qui ne dissout que l'azotate de calcium : il est alors facile de reconnaître ce sel à ses réactions ordinaires. Quant au baryum, on le sépare du strontium au moyen de l'acide fluosilicique, qui le précipite en totalité, sans toucher au strontium.

L'analyse spectrale permet de reconnaître plus rapidement encore chacun de ces métaux, grâce aux colorations caractéristiques qu'ils communiquent aux flammes.

Le magnésium, qui n'est pas précipité par le carbonate d'ammoniaque en présence des sels ammoniacaux, se reconnait au moyen du phosphate de sodium, ainsi que nous l'avons dit plus haut.

6° *Les deux métaux appartiennent au sixième groupe.* — Nous savons déjà comment on reconnait l'ammoniaque; il ne reste, par conséquent, qu'à déceler le potassium et le sodium; pour cela, on ajoute à leur dissolution un léger excès de chlorure de platine, on évapore à sec et on reprend par l'alcool : s'il reste un résidu, ce ne peut être que du chloroplatinate de potassium dont la formation caractérise nécessairement la présence d'un composé potassique. Le sodium passe dans l'alcool, à l'état de chloroplatinate soluble; il suffit d'évaporer la liqueur à sec, de calciner le résidu et de reprendre par l'eau pour avoir une dissolution de chlorure de sodium facile à reconnaitre.

Remarques. — 1° Lorsque le mélange de sels à déterminer est insoluble dans l'eau, on le dissout dans un acide ou bien on le décompose ainsi qu'il a été dit précédemment à propos d'un sel unique.

2° Lorsque la matière à analyser renferme du fluor, de l'acide phosphorique, de l'acide arsénique ou de l'acide borique, en même temps qu'un métal alcalino-terreux, l'ammoniaque et le sulfhydrate d'ammoniaque donnent dans la liqueur acide un précipité blanc de fluorure, de phosphate, d'arséniate ou de borate insolubles, qu'il faut bien se garder de confondre avec de l'alumine ou du sulfure de zinc. Il convient donc, lorsqu'on obtient un semblable précipité au cours de l'analyse d'un mélange de sels insolubles, d'y rechercher d'abord le fluor, l'acide phosphorique, l'arsenic et l'acide borique.

3° Il est nécessaire enfin de tenir compte de toutes

les observations que nous avons déjà faites au sujet de l'analyse d'un sel unique, soluble ou insoluble dans l'eau.

Analyse des cendres végétales.

12. — Les cendres végétales se composent de deux parties distinctes, l'une soluble dans l'eau, et formée uniquement de sels alcalins, l'autre insoluble et constituée surtout de silice et de sels alcalino-terreux, avec une petite quantité d'oxydes de fer et de manganèse.

Pour en déterminer la composition qualitative on sépare d'abord ces deux parties, en traitant les cendres par l'eau, puis on examine successivement la liqueur filtrée et le résidu insoluble.

1° *Examen de la liqueur claire.* — Dans une portion du liquide on ajoute un peu d'acide sulfurique ; il se produit une vive effervescence, d'où l'on conclut à la présence de l'*acide carbonique.* Si le gaz qui se dégage possède l'odeur des œufs pourris, c'est que la cendre renferme un peu de *sulfures* alcalins.

Dans un autre échantillon du même liquide on ajoute un léger excès d'acide azotique, puis de l'azotate d'argent : il se forme un précipité blanc, noircissant à la lumière, qui caractérise les *chlorures*. Si alors on filtre et qu'on neutralise *exactement* par une base alcaline quelconque, il se formera un précipité jaune de phosphate d'argent, démontrant la présence de l'*acide phosphorique.*

Enfin, la liqueur acidulée par l'acide azotique ou l'acide chlorhydrique donne avec les sels de baryum un précipité blanc qui caractérise l'*acide sulfurique.*

La recherche des bases est ici particulièrement simple, car les seuls carbonates solubles et fixes étant ceux de potassium et de sodium, la liqueur ne peut contenir que ces deux métaux seulement : on n'aura donc à faire, pour caractériser l'un et l'autre, que l'essai au chlorure de platine indiqué plus haut.

2° *Examen du résidu insoluble dans l'eau.* — On le dissout dans l'acide chlorhydrique étendu, on filtre pour séparer les particules de charbon qui se rencontrent dans toutes les cendres et on évapore à sec pour insolubiliser la silice devenue libre; on reprend par l'eau, on filtre pour séparer la *silice* et on procède à tous les essais indiqués précédemment. On constate d'abord que le sulfhydrate d'ammoniaque donne un précipité noir soluble dans l'acide chlorhydrique, ce qui prouve la présence du *fer;* souvent même il arrive que la matière devient verte par fusion avec le carbonate de sodium, ce qui démontre la présence du *manganèse.*

Le carbonate d'ammoniaque donne ensuite un précipité blanc de carbonate de *calcium*, enfin le phosphate de sodium donne un précipité cristallin de phosphate ammoniaco-magnésien, qui montre que le produit analysé renferme également du *magnésium.* On fera bien de rechercher l'acide phosphorique, à l'aide du citrate de magnésium ammoniacal, dans la dissolution chlorhydrique du précipité fourni par le sulfhydrate d'ammoniaque.

D nc, en résumé, les cendres sont un mélange de carbonates, de sulfates, de chlorures, de phosphates et de silicates de potassium, de sodium, de calcium, de magnésium, de fer et de manganèse.

Dans les cendres de plantes terrestres le sodium fait quelquefois complètement défaut; dans celles des plantes marines il domine au contraire de beaucoup, et à côté des chlorures on trouve alors une petite quantité de *bromures* et d'*iodures.*

Analyse des alliages usuels.

13. Soudure des plombiers. — On attaque le métal, réduit en limaille, par l'acide azotique et, lorsque la réaction est terminée, on reprend la masse par un excès d'eau : l'*étain* reste alors à l'état insoluble, sous forme d'acide métastannique, tandis que le *plomb* se dissout, à l'état d'azotate. Il est facile de caractériser ce dernier dans le liquide au moyen de l'acide sulfhydrique, qui donne un précipité noir de sulfure de plomb.

14. Bronze. — On procède exactement comme ci-dessus : l'*étain* est encore caractérisé par la formation d'acide métastannique insoluble et le *cuivre* par la coloration bleu verdâtre que prend le liquide.

15. Laiton. — On attaque le métal par l'eau régale et on fait bouillir pendant quelque temps la liqueur verte, en y ajoutant à plusieurs reprises de l'acide chlorhydrique, de manière à chasser tout l'acide azotique qu'elle renferme; on la traite alors par l'acide sulfhydrique, qui précipite le *cuivre* à l'état de sulfure noir, puis, après filtration, par l'ammoniaque et le sulfhydrate d'ammoniaque, qui donnent un précipité blanc de sulfure de *zinc*, soluble dans l'acide chlorhydrique.

16. Maillechort. — En opérant comme pour le laiton on reconnait le *cuivre* à la couleur verte du liquide et au précipité noir qu'y forme l'hydrogène sulfuré; le sulfhydrate d'ammoniaque donne ensuite dans la liqueur filtrée un précipité noir formé de sulfure de nickel et de sulfure de zinc. Pour les séparer on traite leur mélange par l'acide chlorhydrique étendu, qui ne dissout que le sulfure de zinc : on a alors un résidu de sulfure de *nickel* et une dissolution de chlorure de *zinc*, d'où l'on peut à nouveau précipiter le métal par l'ammoniaque et le sulfhydrate.

17. Alliages d'or. — Les alliages riches d'or ne sont solubles que dans l'eau régale; l'*or* se reconnait dans la dissolution au moyen du sulfate ferreux, qui donne un précipité brun d'or pulvérulent, et le *cuivre* à sa coloration verte. Si l'alliage renferme de l'*argent*, on en est averti par le dépôt de chlorure d'argent insoluble qui se forme pendant l'attaque de l'alliage.

Lorsqu'on calcine le mélange de chlorures qui se produit dans le traitement de l'alliage par l'eau régale il se forme de l'or métallique et du chlorure cuivreux, qui seul est soluble dans l'acide chlorhydrique.

18. Alliages d'argent. — On les dissout sans peine dans l'acide azotique : il est alors facile de caractériser l'*argent* par le précipité qu'il donne avec l'acide chlorhydrique, et le *cuivre* par la seule coloration du liquide. Si l'on calcine avec précaution le mélange des deux azotates, d'argent et de cuivre, il est possible de décomposer complètement ce dernier sans toucher à l'autre : il suffit alors de reprendre la masse par l'eau pour avoir de l'oxyde de cuivre noir insoluble et de l'azotate d'argent soluble, tous deux caractéristiques.

Recherche spéciale de l'arsenic.

19. — La présence de l'arsenic dans un minéral tel que l'orpiment ou un arsenio-sulfure métallique peut se reconnaître par voie sèche, en projetant une petite quantité de la substance, réduite en poudre fine, sur des charbons incandescents : l'arsenic s'oxyde et dégage alors, en même temps que des fumées blanches d'anhydride arsénieux, une odeur alliacée caractéristique.

Dans les mélanges qui n'en renferment que très peu l'analyse est plus délicate; nous décrirons ici la marche qu'il convient de suivre pour caractériser l'arsenic ou ses combinaisons dans les recherches médico-légales.

On rassemble tous les résidus que l'on suppose être empoisonnés, par exemple les restes d'aliments, le contenu de l'estomac, etc., et on les chauffe, dans une capsule de porcelaine, avec un mélange d'acide sulfurique et d'acide azotique, jusqu'à destruction aussi complète que possible de la matière organique que renferme le mélange. Dans ces conditions les composés arsénicaux passent à l'état d'acide arsénique soluble : on reprend alors par l'eau, de manière à dissoudre ce dernier, on filtre, on concentre le liquide par évaporation jusqu'à un petit volume, on traite par un excès d'acide sulfureux pour réduire l'acide arsénique à l'état d'acide arsénieux, on chauffe de nouveau pour chasser l'acide sulfureux dissous et on fait passer dans le liquide un courant d'hydrogène sulfuré : l'acide arsénieux donne alors un précipité jaune de sulfure d'arsenic, dont l'apparition est déjà un caractère important.

On recueille ce précipité, on l'oxyde à nouveau par l'acide azotique bouillant, ce qui le ramène à l'état d'acide arsénique soluble et on introduit ce dernier dans l'*appareil de Marsh*.

L'appareil de Marsh, au moyen duquel on peut reconnaître sûrement les plus faibles traces d'arsenic, se compose essentiellement d'un appareil à hydrogène, dans lequel on introduit du zinc *pur* et de l'acide sulfurique *pur*, étendu et additionné de quelques gouttes de chlorure de platine, pour faciliter le dégagement de l'hydrogène.

L'hydrogène produit passe dans un tube en verre, qui se recourbe horizontalement et porte en un point une partie renflée que l'on remplit de coton. Ce coton joue le rôle de filtre et arrête au passage les gouttelettes liquides qui sont soulevées par l'effervescence. L'extrémité du tube est étirée en pointe, de manière à ce que l'on puisse, en allumant l'hydrogène, obtenir une flamme mince et longue de deux à trois centimètres; enfin on l'entoure d'une gaine de clinquant, sur cinq ou six centimètres de longueur, de manière à pouvoir le chauffer au rouge sombre sans qu'il se déforme (fig. 3).

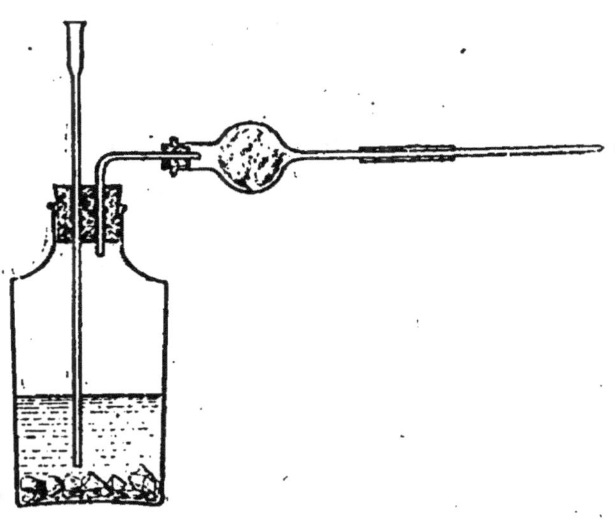

Fig. 3. — Appareil de Marsh.

L'appareil étant en activité, on s'assure d'abord que le gaz qui se dégage est bien exempt d'arsenic à ce qu'il est inodore et à ce que sa flamme ne laisse aucune tache visible sur une soucoupe de porcelaine; si alors on introduit dans l'appareil un composé arsenical soluble quelconque, par exemple la dissolution que nous avons obtenue ci-dessus en traitant le sulfure jaune d'arsenic par l'acide azotique, on voit la flamme du gaz s'allonger, devenir bleuâtre à la pointe et même répandre des fumées d'anhydride arsénieux, si la proportion d'arsenic est considérable.

Si, à ce moment, on écrase la flamme avec une soucoupe de porcelaine, on voit s'y produire des taches miroitantes noires, à bords brunâtres, d'arsenic libre; si enfin on chauffe le tube à dégagement dans sa partie protégée, soit à l'aide d'une petite grille à charbon, soit avec une lampe à alcool, on voit apparaître, à l'intérieur du tube et un peu au delà de la partie chaude, un anneau brillant, formé encore d'arsenic, qui se déplace et va se former un peu plus loin, dès qu'on le chauffe à son tour.

Toutes ces apparences ont pour origine la transformation, par l'hydrogène naissant, de l'acide arsénique en hydrogène arsenié gazeux, très instable.

Les composés solubles de l'antimoine donnent lieu, dans l'appareil de Marsh, à des phénomènes presque identiques à ceux que nous venons de décrire; mais il existe différents moyens de distinguer les deux corps: les taches d'antimoine sont plus noires que celles de l'arsenic; elles résistent à l'action des hypochlorites, par exemple de l'eau de Javel, qui dissout instantanément les taches arsenicales; l'anneau d'antimoine est beaucoup moins volatil, à l'intérieur du tube, que celui d'arsenic; enfin, les taches d'antimoine sont transformées par l'acide azotique en acide antimonique blanc, insoluble, tandis que les taches arsenicales sont entièrement dissoutes. Si après cette dissolution on évapore à sec et qu'on ajoute une goutte d'ammoniaque pour neutraliser le résidu, puis encore une goutte d'azotate d'argent, on voit se produire un précipité rouge brun caractéristique d'arseniate d'argent.

La réunion de tous ces caractères, qui peuvent se reconnaître dans l'espace de quelques minutes seulement et sur les plus minimes quantités de substance, constitue une preuve indéniable de la présence de l'arsenic.

CHAPITRE III

ANALYSE QUANTITATIVE PAR LIQUEURS TITRÉES

20. Généralités. — La réunion, la dessiccation et la pesée des précipités qu'on obtient en appliquant les méthodes analytiques ordinaires sont autant de manipulations longues et délicates, qu'on ne peut mener à bien qu'en y mettant tous ses soins; les *liqueurs titrées* ont pour but de remplacer toute cette partie de l'analyse par une opération unique, généralement très rapide, et une simple lecture de volume, toujours plus facile à faire qu'une pesée exacte.

Le principe de la méthode consiste à produire sur le corps que l'on veut doser une transformation nette et parfaitement connue à l'avance, au moyen d'un réactif de concentration déterminée, que l'on ajoute goutte à goutte au liquide jusqu'à ce que la réaction attendue soit devenue totale.

Il suffit alors de mesurer le volume du réactif employé pour connaître son poids, et un calcul élémentaire de proportion permet de passer de ce poids à celui que l'on cherche.

On appelle, d'une manière générale, *liqueur titrée* toute dissolution renfermant dans l'unité de volume un poids connu de réactif, par exemple une molécule ou une fraction simple de molécule.

Pour mesurer exactement le volume d'une pareille liqueur qui est nécessaire pour effectuer un dosage, on fait usage de vases *gradués* spéciaux qui portent

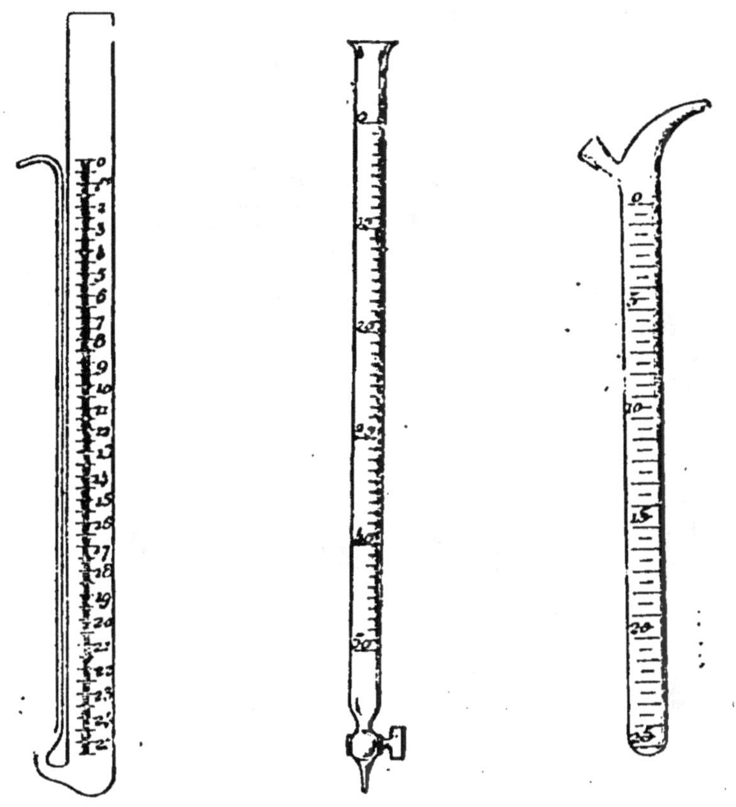

Fig. 4. — Burette de Gay-Lussac. Fig. 5. — Burette à robinet. Fig. 6. — Burette anglaise.

dans les laboratoires le nom de *burettes;* ce sont des tubes de 20 à 30 centimètres cubes de capacité totale, qui portent sur toute leur longueur une graduation en centimètres cubes et dixièmes de centimètre cube, et munis, soit d'un bec (burettes anglaise et de Gay-Lussac), soit d'un robinet en verre ou d'un raccord en caoutchouc, écrasé par une pince, qui se termine par un tube de verre effilé (burette de Mohr); ces dispositions permettent de faire écouler le contenu de la burette aussi lentement qu'on le désire dans le liquide à analyser (fig. 4, 5, 6 et 7).

En outre de ces burettes, on fait aussi usage fréquemment, en analyse, de vases *jaugés* ou *divisés;* ce sont, pour les grands volumes, des ballons ou des carafes (fig. 8), sur le col desquels on a gravé un trait indiquant la capacité totale du récipient *à la température de* 15°, des éprouvettes divisées en parties d'égal volume (fig. 9), ou enfin, pour les petits volumes, des

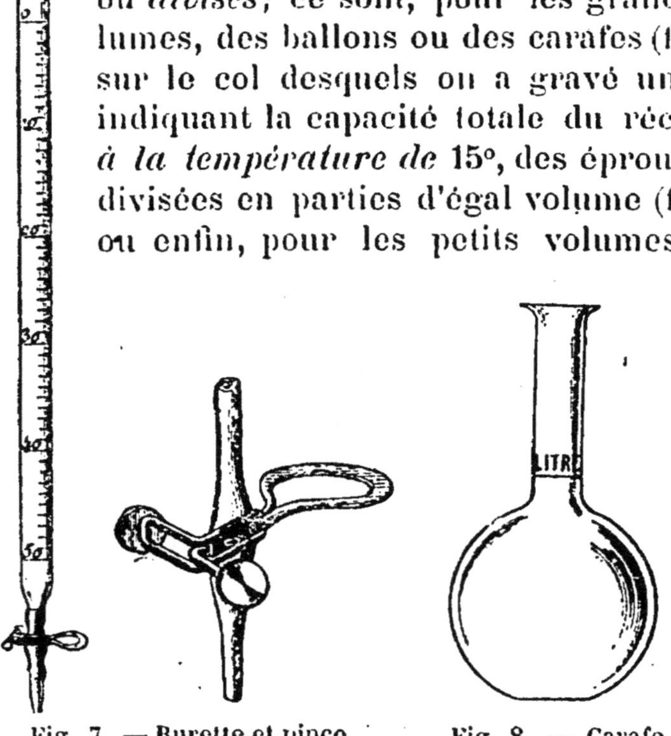

Fig. 7. — Burette et pince de Mohr.

Fig. 8. — Carafe jaugée.

pipettes (fig. 10) également munies d'un trait de jauge, que l'on remplit du liquide à mesurer par aspiration.

L'analyse elle-même s'effectue dans un *vase à précipiter* ou dans une *fiole à fond plat*, suivant qu'on opère à froid ou à chaud; enfin on reconnaît que l'opération est finie, c'est-à-dire que la quantité de réactif employée est suffisante, à un indice, variable avec chaque espèce d'analyse, que l'on a soin de choisir toujours aussi net que possible.

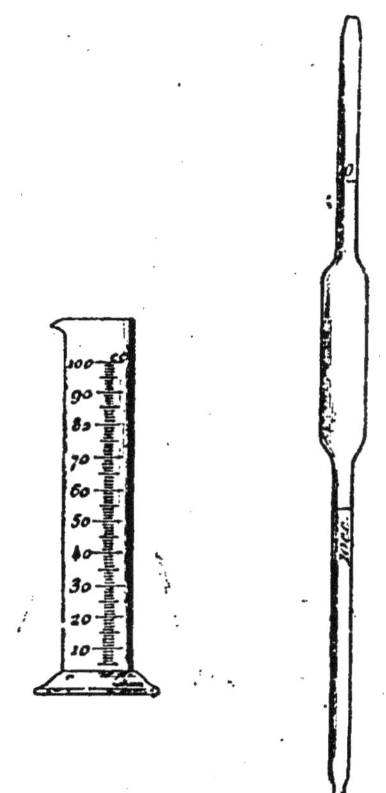

Fig. 9. Éprouvette graduée. Fig. 10. Pipette jaugée.

21. Préparation des liqueurs titrées.—Pour préparer une liqueur titrée quelconque, il est indispensable de se servir de réactifs *chimiquement purs*, dont la composition est rigoureusement connue d'avance : on en pèse alors, à la balance de précision, la quantité nécessaire, on introduit le tout dans une fiole jaugée de 1 litre avec un volume d'eau distillée suffisant pour dissoudre la matière et, lorsque la dissolution est achevée, on ajoute de nouveau de l'eau distillée jusqu'à ce que le ménisque du liquide affleure au trait de jauge gravé sur le col. On agite vigoureusement, pour rendre toute la masse homogène, et on conserve la liqueur dans un flacon que l'on a soin de maintenir toujours bien bouché, pour prévenir toute évaporation.

Il est bon de s'assurer, au moment où l'on complète le volume à 1 litre, que la température est voisine de celle du jaugeage de la fiole, c'est-à-dire de 15°.

Certaines liqueurs titrées se conservent à peu près indéfiniment sans altération, c'est le cas des liqueurs *acidimétriques ;* d'autres, au contraire, comme les dissolutions de fer ou de permanganate, s'altèrent peu à peu; il faut alors les renouveler de temps à autre ou en déterminer de nouveau le titre au moment de s'en servir.

Alcalimétrie.

22. Dosage d'un alcali caustique. — L'alcalimétrie a pour objet de déterminer la quantité d'alcali (potasse, soude ou ammoniaque) qui existe à l'état libre dans une matière soluble quelconque, par exemple dans une potasse commerciale ou une dissolution d'ammoniaque : elle est basée sur ce fait que les bases alcalines bleuissent le tournesol, tandis que les acides forts le colorent en rouge et que les sels correspondants ne le modifient pas.

Si donc on ajoute quelques gouttes de teinture de tournesol à une dissolution alcaline, de manière à la teinter de bleu, et qu'on ajoute au liquide, par petites portions à la fois, un acide fort quelconque, jusqu'à coloration rouge, la quantité d'acide qu'il aura fallu introduire sera proportionnelle au poids de l'alcali qu'il a saturé et permettra, par conséquent, de calculer celui-ci.

On emploie ordinairement, pour effectuer ce dosage, des liqueurs acides titrées de façon à ce qu'elles correspondent à une molécule de potasse par litre; on les prépare en dissolvant 49 grammes $\left(\frac{1}{2}SO^4H^2\right)$ d'acide sulfurique *pur* ou 53 grammes d'acide oxalique cristallisé *pur* $\left(\frac{1}{2}C^2O^4H^2,2H^2O\right)$ dans l'eau distillée et complétant le volume total à 1 litre, ainsi qu'il a été dit plus haut.

Une pareille liqueur, dite *normale*, contient exactement 1 gramme par litre d'hydrogène remplaçable par un métal et, par conséquent, équivaut, sous le même volume, à 56 grammes de potasse KOH, à 40 grammes de soude NaOH et à 17 grammes d'ammoniaque AzH^3 supposées chimiquement pures. Il en résulte qu'un volume quelconque d'une solution de potasse, de soude ou d'ammoniaque à une molécule par litre, doit être exactement saturé par un égal volume de liqueur acide normale : voici alors la marche que l'on suit en pratique pour connaître la richesse d'une potasse commerciale.

On en pèse 56 grammes, que l'on dissout dans l'eau de manière à avoir un volume total de 1 litre; on filtre, s'il est nécessaire, puis on prélève, à l'aide d'une pipette, 10 centimètres cubes de la dissolution ainsi obtenue, que l'on verse dans un vase à précipiter ; on ajoute une dizaine de centimètres cubes d'eau distillée, on colore le tout en bleu avec quelques gouttes de teinture de tournesol *neutre* (1) et on y verse goutte à goutte la liqueur acidimétrique, contenue dans une burette graduée, jusqu'à coloration rouge persistante; il est bon d'agiter constamment, de manière à répartir uniformément l'acide dans toute la masse du liquide.

Quand on est arrivé au terme de la réaction, on lit sur la burette le volume de liqueur normale qu'il a fallu employer. Si la potasse analysée est pure, on

---

(1) Pour avoir la teinture de tournesol neutre il suffit d'ajouter goutte à goutte de l'acide chlorhydrique étendu à la teinture commerciale, jusqu'à ce que celle-ci ait pris une teinte violacée intermédiaire entre le rouge et le bleu.

trouve exactement 10 centimètres cubes; si l'on trouve seulement 8cc,6, c'est que la potasse en question ne renferme que 86 0/0 d'hydrate de potassium réel KOH, et, en général, le nombre total de dixièmes de centimètre cube employés donne immédiatement la richesse centésimale du produit en hydrate de potassium.

Dans l'analyse d'une soude caustique on opère exactement de la même façon, en prenant comme point de départ 40 grammes (une molécule) de matière; enfin, pour déterminer la richesse d'une solution ammoniacale, on procède encore de même, seulement, au lieu de peser la liqueur primitive, il est préférable de la mesurer au moyen d'une pipette : on prend, par exemple, 100 centimètres cubes de l'ammoniaque essayée, on l'étend avec de l'eau jusqu'à avoir un volume total de 1 litre, puis on fait le titrage comme ci-dessus sur 10 centimètres cubes de cette nouvelle liqueur, 10 fois plus faible que la précédente. Si l'on trouve qu'il faut 15cc,2 d'acide normal pour obtenir la saturation, on en conclura que les 10 centimètres cubes de liquide employés renferment $0^{gr},017 \times 15,2 = 0^{gr},2584$ d'ammoniaque réelle et que, par conséquent, la dissolution primitive contenait $0^{gr},2581 \times 100 \times 10 = 258^{gr},4$ de gaz ammoniaque AzH^3 par litre.

23. Dosage d'un carbonate alcalin. — Les carbonates alcalins bleuissent le tournesol comme les alcalis caustiques et sont également transformés en sulfates neutres par l'acide sulfurique : on doit donc pouvoir les titrer de la même manière, en se servant toujours du tournesol comme indicateur. Seulement l'acide carbonique produit pendant la décomposition du sel rougit déjà par lui-même le tournesol; il est alors nécessaire de le chasser du liquide au fur et à mesure de sa mise en liberté, par une ébullition continue.

L'opération s'effectue en conséquence dans une fiole à fond plat ou dans un verre de Bohême et on ne doit la considérer comme finie qu'au moment où la couleur rouge persiste, même après une ébullition de quelques minutes.

La liqueur alcaline se prépare en dissolvant 69 grammes $\left(\frac{1}{2}CO^3K^2\right)$ du carbonate de potassium ou 53 grammes $\left(\frac{1}{2}CO^3Na^2\right)$ du carbonate de sodium essayé dans l'eau, de manière à obtenir un volume total de 1 litre ; le résultat a la même signification que ci-dessus et comporte les mêmes conséquences.

Remarques. — 1° On peut remplacer la teinture de tournesol par d'autres indicateurs plus ou moins sensibles : la *phtaléine du phénol*, qui est incolore en dissolution acide et devient rouge avec les alcalis, est assez fréquemment employée dans les dosages alcalimétriques.

2° Lorsqu'on ne dispose que d'une petite quantité de matière à analyser, ou qu'on recherche le titre d'une dissolution alcaline très étendue, on fait usage, au lieu d'acide normal, d'une liqueur dix fois plus faible, qu'on appelle *liqueur décime;* on la prépare en étendant 100 centimètres cubes d'acide normal, par addition d'eau distillée, jusqu'au volume total de 1 litre. Un centimètre cube d'une pareille liqueur équivaut à un dix-millième de molécule de base alcaline, c'est-à-dire à 0gr,0056 de potasse, à 0gr,004 de soude et à 0gr,0017 d'ammoniaque.

Acidimétrie.

24. — L'acidimétrie a pour but de faire connaître la quantité d'acide libre qui existe dans un liquide quelconque; elle repose sur les mêmes principes que l'alcalimétrie et se pratique de la même manière, mais en sens inverse.

Il faut se servir ici de liqueurs alcalines titrées, c'est-à-dire renfermant un poids connu de base alcaline : on les prépare, soit avec de la potasse pure, bien exempte de carbonate, soit avec de la chaux, dont on augmente la solubilité en ajoutant à l'eau un peu de sucre.

Comme il est fort difficile d'avoir l'une ou l'autre de ces bases à l'état de pureté absolue, on se contente ordinairement d'en prendre *à peu près* une molécule et on titre ensuite la dissolution, étendue à 1 litre, avec l'acide sulfurique normal. Ce titre, inscrit sur le flacon, sert de base au calcul de toutes les analyses que l'on pourra faire avec la même liqueur.

Exemple. — Soit à déterminer la richesse d'un acide chlorhydrique commercial au moyen d'une liqueur alcaline telle qu'il faut en employer $12^{cc},7$ pour saturer exactement 10 centimètres cubes d'acide sulfurique normal : on en prendra 100 centimètres cubes que l'on étendra à 1 litre, de manière à avoir une dissolution 10 fois moins concentrée, puis on mettra 10 centimètres cubes de cette nouvelle dissolution avec un peu d'eau distillée et quelques gouttes de tournesol dans un vase à précipiter et on titrera, avec la liqueur de potasse, jusqu'à coloration bleue persistante. S'il en faut verser, par exemple, $8^{cc},9$, on en conclura, puisque le poids moléculaire de l'acide chlorhydrique est égal à 36,5, que l'acide primitif renfermait

$$\frac{36,5 \times 8,9 \times 10}{12,7} = 255^{gr},8 \text{ de HCl par litre.}$$

Remarque. — Pour déterminer le titre des liqueurs

acides faibles, on emploie des liqueurs alcalines plus étendues que celles dont nous avons parlé plus haut, par exemple des liqueurs *décimes*, que l'on prépare au moyen des liqueurs normales en ajoutant à celles-ci assez d'eau pour décupler leur volume.

Dosage de l'iode et des hyposulfites.

25. Généralités. — On sait que l'iode transforme les hyposulfites en tétrathionates suivant l'équation

$$2I + 2S^2O^3Na^2 = 2NaI + S^4O^6Na^2.$$

La réaction étant unique et totale, les poids d'iode et d'hyposulfite mis en œuvre sont toujours dans le même rapport, d'où un moyen de calculer l'un lorsqu'on connaît l'autre.

On fait usage ici d'une liqueur titrée d'iode, contenant par litre $12^{gr},7$ $\left(\frac{1}{10}\text{ d'atome}\right)$ d'iode, en solution dans l'iodure de potassium.

Un centimètre cube d'une pareille liqueur contient par conséquent $0^{gr},0127$ d'iode libre et, d'après l'équation précédente, équivaut à un dix-millième de molécule d'un hyposulfite quelconque, à $0^{gr},0158$ d'hyposulfite de sodium, par exemple.

Voici alors la pratique de l'analyse.

26. Dosage des hyposulfites. — Supposons qu'on veuille titrer une dissolution d'hyposulfite de sodium : on en prendra un certain volume, choisi de manière à ce qu'il s'y trouve de 20 à 30 centigrammes de sel, on y ajoutera un peu d'empois d'amidon, pour servir d'indicateur, et, à l'aide d'une burette graduée, on y versera goutte à goutte la liqueur titrée d'iode, jusqu'à ce que le liquide prenne la coloration bleue caractéristique de l'iodure d'amidon. A ce moment la transformation de l'hyposulfite en tétrathionate est complète : si le volume d'iode nécessaire a été, par exemple, de 16^{cc},2, la quantité d'hyposulfite anhydre correspondante sera égale à 0,0158 $\times$ 16,2 = 0^{gr}256.

27. **Dosage de l'iode.** — Pour doser l'iode contenu dans un liquide quelconque à l'état libre, on compare ce liquide à la liqueur normale dont nous avons donné plus haut la composition, en se servant comme intermédiaire d'une dissolution d'hyposulfite de soude.

Supposons, par exemple, qu'il s'agisse de déterminer le titre exact d'une teinture d'iode, que l'on sait à l'avance renfermer de 5 à 10 pour cent d'iode : on en prendra 10 centimètres cubes, que l'on étendra d'alcool pour faire un volume total de 100 centimètres cubes, puis on se servira de cette liqueur pour titrer 10 centimètres cubes d'une dissolution quelconque d'hyposulfite de sodium (renfermant de 20 à 30 grammes par litre de sel sec); soit 24^{cc},3, le volume employé, on recommence l'essai encore sur 10^{cc} du même hyposulfite, avec la liqueur normale d'iode à 12^{gr},7 par litre; s'il faut cette fois en mettre 15^{cc},3, on en conclura que 24^{cc},3 du premier liquide renferment 0^{gr},0127 $\times$ 15,3 = 0^{gr},1943 d'iode libre.

Le titre centésimal de la teinture d'iode primitive sera par suite $\frac{0,1943 \times 100 \times 10}{24,3} = 8$.

Dosage de l'iode et de l'acide arsénieux.

28. — On peut remplacer l'hyposulfite de sodium, dans les dosages d'iode, par l'acide arsénieux; la

réaction qui sert de base à la méthode s'exprime alors par la formule suivante :

$$As^2O^3 + 5H^2O + 4I = 2AsO^4H^3 + 4HI,$$

dans laquelle on voit qu'une molécule d'acide arsénieux, pesant 198 grammes, équivaut à 4 atomes d'iode, pesant 508 grammes.

La liqueur normale que l'on emploie ici se prépare en dissolvant 4gr,95 ($\frac{1}{40}$ de molécule) d'acide arsénieux pur dans l'eau, additionnée de bicarbonate de sodium, et étendant à 1 litre : cette liqueur équivaut à un volume égal de la solution normale d'iode.

La pratique du dosage est identiquement la même que dans le cas précédent : elle consiste à verser la solution d'iode dans la liqueur arsénieuse, additionnée d'un peu d'empois d'amidon, jusqu'à coloration bleue persistante, même après agitation ; la seule précaution à prendre est d'opérer toujours dans une solution renfermant un excès de bicarbonate de sodium, sans alcali libre.

Sulfhydrométrie.

29. Dosage de l'acide sulfhydrique. — La sulfhydrométrie a pour objet de déterminer la proportion d'acide sulfhydrique qui se trouve en dissolution dans un liquide quelconque, par exemple dans une eau minérale sulfureuse ; elle est fondée sur l'action bien connue que l'iode exerce sur l'acide sulfhydrique, en présence de l'eau.

$$H^2S + 2I = S + 2HI.$$

Pour appliquer cette réaction au dosage de l'hydrogène sulfuré, on fait usage de la liqueur normale d'iode, que l'on verse dans la solution sulfureuse, additionnée à l'avance d'empois d'amidon, jusqu'à ce que le liquide se colore en bleu : la quantité d'iode employée est alors proportionnelle à celle de l'acide sulfhydrique.

Exemple. — Supposons qu'il faille employer 23 centimètres cubes de liqueur normale d'iode pour produire la coloration bleue dans 100 centimètres cubes d'eau sulfureuse : l'équation précédente montrant que 127 d'iode équivalent à 17 d'acide sulfhydrique, le poids de ce corps contenu dans un litre de l'eau analysée sera $0,0017 \times 23 \times 10 = 0^{gr},391$.

Remarque. — Les sulfures solubles sont décomposés par l'iode de la même façon que l'hydrogène sulfuré ; il est donc impossible de distinguer par cette méthode l'acide sulfhydrique libre de ses sels alcalins.

Dosage du fer.

30. — Le dosage volumétrique du fer est fondé sur ce fait que le permanganate de potassium, en présence des acides forts, transforme intégralement les sels ferreux en sels ferriques, par oxydation directe.

Le permanganate se trouve amené, dans cette réaction, à l'état de sel manganeux, et par conséquent se décolore.

Pour appliquer cette méthode, il faut avoir une dissolution quelconque de permanganate de potassium et une liqueur titrée de fer, que l'on doit préparer autant que possible au moment même de son emploi : pour cela on chauffe doucement, dans une fiole jaugée de 100 centimètres cubes, 1 gramme de fil de clavecin avec un léger excès d'acide chlorhydrique, jusqu'à dissolution complète, puis on ajoute un petit fragment de zinc pur, pour réduire la totalité du fer dissous à l'état de sel ferreux et on complète le volume à 100 centimètres cubes avec de l'eau distillée fraîchement bouillie, ne renfermant pas d'air en dissolution. On s'assure alors que le fer est bien tout entier au minimum d'oxydation en traitant quelques gouttes du liquide par le ferrocyanure de potassium, qui ne doit donner qu'une teinte bleuâtre à peine sensible.

Cela fait, on met 10 centimètres cubes de cette liqueur dans un vase à précipiter, avec quelques gouttes d'acide sulfurique (ou phosphorique), qui rend la réaction finale plus nette, et on verse, à l'aide d'une burette, la dissolution de permanganate jusqu'à coloration *rose* permanente. Le volume de liqueur employée représente son titre, que l'on inscrit sur le flacon : ce titre correspond évidemment, d'après ce qui précède, à $0^{gr},1$ de fer pur (1).

Supposons alors que l'on veuille doser le fer dans un quelconque de ses minerais : on en prendra 1 gramme, que l'on dissoudra dans un léger excès d'acide chlorhydrique et que l'on ramènera au minimum par addition de quelques fragments de zinc, puis on étendra d'eau pure jusqu'à 100 centimètres cubes et on titrera par le permanganate, sur 10^{cc} de liqueur de la même manière que précédemment; soit $16^{cc},7$ le volume de permanganate nécessaire, et $24^{cc},5$ le titre déterminé comme ci-dessus; on en conclura que le minerai renferme $\frac{16,7 \times 100}{24,5} = 68,1$ pour cent de fer métallique.

(1) En réalité, le fil de clavecin ne renfermant que 99,6 pour cent de fer, le titre précédent équivaut seulement à $0^{g},0996$ de métal; il conviendra donc, dans les analyses rigoureuses, de multiplier le résultat final, calculé sur le titre 0,1, par le coefficient 0,996.

Remarque. — Dans la préparation des liqueurs titrées de fer, on peut remplacer avec avantage le chlorure ferreux, préparé au moment même, comme nous l'avons dit, en dissolvant du fil de fer pur dans l'acide chlorhydrique, par le sulfate ferroso-ammonique $Fe(AzH^4)^2(SO^4)^2 + 6H^2O$ qu'il est facile d'obtenir à l'état de pureté complète et qui présente l'avantage de se conserver fort longtemps sans altération à l'état solide. Ce sel contenant exactement $\frac{1}{7}$ de son poids de fer, il suffit d'en faire une dissolution à 7 grammes dans 100 centimètres cubes, pour avoir une liqueur titrée équivalente à celle qu'on aurait obtenue avec 1 gramme de fil de clavecin.

Hydrotimétrie.

31. — L'hydrotimétrie est une méthode empirique d'analyse qui permet d'avoir en quelques minutes une indication comparative sur la *dureté* d'une eau naturelle, c'est-à-dire sur sa richesse en éléments minéraux : elle a pour base l'action décomposante qu'exercent les sels calcaires ou magnésiens sur les savons solubles.

Pour la mettre en pratique il faut préparer d'abord deux liqueurs types, renfermant, l'une 0gr,55 de chlorure de baryum cristallisé $BaCl^2 + 2H^2O$ par litre, et l'autre 50 grammes de savon blanc de Marseille, dissous dans un mélange de 800 grammes d'alcool et 500 grammes d'eau distillée. Pour vérifier la correspondance de ces deux liqueurs, on introduit 40 centimètres cubes de la solution de chlorure de baryum dans un petit flacon jaugé et construit spécialement pour cet usage (fig. 12), puis on y verse goutte à goutte la liqueur savonneuse, en agitant après chaque addition, jusqu'à ce qu'il se produise à la surface du liquide une mousse de quelques millimètres d'épaisseur, persistant au moins 5 minutes : c'est l'indice que tout le baryum a été précipité et que le liquide renferme maintenant un petit excès de savon. On emploie, pour effectuer ce titrage, une burette spéciale, graduée de manière à ce que 23 divisions représentent $2^{cc},4$ (fig. 11); le zéro

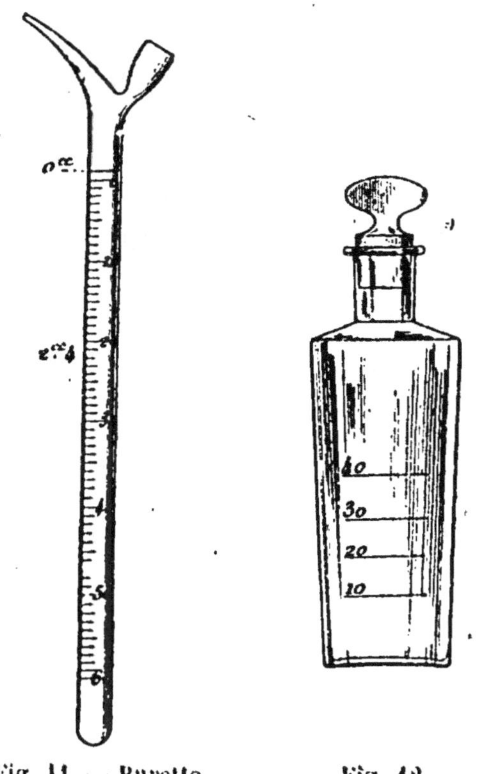

Fig. 11. — Burette hydrotimétrique.

Fig. 12. Hydrotimètre.

part de la seconde division, l'espace compris entre le premier et le second trait représentant la quantité de liqueur savonneuse nécessaire pour faire apparaître la mousse sur 40 centimètres cubes d'eau distillée ; chacune des 22 divisions suivantes constitue *un degré hydrotimétrique.*

La solution-type de chlorure de baryum à $0^{gr},55$ de sel cristallisé par litre doit donner exactement 22 degrés hydrotimétriques; s'il n'en est pas ainsi, on modifie la composition de la liqueur de savon de manière à obtenir exactement ce chiffre.

Lorsqu'on a atteint ce résultat, on recommence le même essai avec 40 centimètres cubes de l'eau étudiée et le nombre de divisions de liqueur savonneuse nécessaires pour obtenir la mousse persistante donne la mesure de son *degré hydrotimétrique.*

Un degré hydrotimétrique correspond à la présence, dans un litre d'eau, de $0^{gr},0114$ de chlorure de calcium, de $0^{gr},0103$ de carbonate de chaux, de $0^{gr},014$ de sulfate de chaux, de $0^{gr},009$ de chlorure de magnésium ou de $0^{gr},012$ de chlorure de sodium, par conséquent, en moyenne, de $0^{gr},01$ de sels en dissolution.

Une bonne eau potable ne doit pas marquer plus de 25 degrés hydrotimétriques; au delà de 50 degrés, l'eau ne peut plus servir utilement à aucun usage, même industriel.

Les eaux *dures* sont souvent améliorées et peuvent même devenir potables par addition d'une petite quantité de bicarbonate de sodium, qui précipite la majeure partie du calcium à l'état de carbonate insoluble.

Essai des alliages d'argent.

32. — La détermination du *titre* d'un alliage d'argent est indispensable dans le commerce des métaux précieux; elle peut s'effectuer de deux manières différentes, par voie humide ou par voie sèche; nous allons indiquer la marche à suivre pour analyser un alliage monétaire ou d'orfèvrerie, ne contenant que de l'argent et du cuivre.

33. Essai par voie humide. — Il est basé sur ce fait que l'argent est complètement précipité de ses dissolutions par le sel marin, à l'état de chlorure d'argent insoluble.

Pour appliquer cette méthode il faut préparer d'abord trois liqueurs types : une solution normale d'argent, une solution normale et une solution décime de chlorure de sodium pur.

On obtient la première en dissolvant 1 gramme d'argent *chimiquement pur* dans quelques centimètres cubes d'acide azotique et étendant ensuite la liqueur avec de l'eau distillée jusqu'au volume total de 1 litre (à 15 degrés).

La dissolution normale de sel se prépare en dissolvant 5^{gr},414 de chlorure de sodium *pur*, *récemment fondu*, dans l'eau, de manière à avoir encore un volume total de 1 litre ; enfin la liqueur décime, dix fois plus étendue, s'obtient de la même manière, en partant de 0^{gr},5414 de chlorure de sodium, ou encore en diluant une partie de la liqueur normale de telle façon que son volume soit exactement décuplé.

La liqueur normale d'argent et la liqueur décime de sel, lorsqu'elles ont été faites avec soin, doivent se correspondre volume à volume, c'est-à-dire qu'un volume quelconque de la solution d'argent doit être précipité par un égal volume de la solution de sel, sans qu'il reste dans le liquide éclairci ni argent, ni chlorure de sodium en excès.

Voici alors comment on procède pour déterminer le titre exact d'un alliage monétaire : on en pèse une quantité telle qu'il s'y trouve un peu plus de 1 gramme d'argent, par exemple 1^{gr},12 s'il s'agit d'un alliage dont le titre présumé est voisin de 900 millièmes, on le place dans un flacon de 250 centimètres cubes environ, pouvant se boucher à l'émeri, avec 5 ou 6 grammes d'acide azotique et, quand la dissolution est complète, on ajoute d'un coup 100 centimètres cubes de liqueur normale salée, qui précipitent exactement et immédiatement 1 gramme d'argent. On bouche alors le flacon, on agite vigoureusement pour rassembler le précipité et on abandonne quelques instants au repos pour éclaircir le liquide; on débouche alors et, à l'aide d'une burette graduée, on ajoute peu à peu la solution décime de sel jusqu'à ce que, après agitation, une goutte de liqueur en excès ne donne plus de trouble visible.

A ce moment, la précipitation du métal précieux est totale; alors on lit sur la burette le volume de liqueur décime qu'il a fallu employer, en plus des 100 centimètres cubes de liqueur normale, pour arriver à ce point; si l'on trouve, je suppose, $5^{cc},7$, on en conclura que le métal essayé renfermait $0^{gr},0057$ d'argent en plus de 1 gramme, par conséquent, en tout, $1^{gr},0057$.

Le titre cherché est donc, dans ce cas, égal à $\frac{1,0057}{1,12}$, c'est-à-dire à 898 millièmes.

34. Essai par voie sèche. Coupellation. — La coupellation est une méthode d'analyse qui permet d'isoler et de peser en nature le métal précieux qui se trouve dans un de ses alliages : elle consiste, en principe, à éliminer le cuivre qui accompagne l'argent par oxydation pure et simple, au rouge, au contact de l'air. Cette oxydation, dans la pratique, serait empêchée par la présence de l'argent en excès : on la facilite en ajoutant à l'alliage une certaine quantité de plomb, qui s'élimine en même temps que le cuivre, et dont par conséquent il est inutile de tenir compte dans les calculs d'analyse.

La coupellation s'effectue dans de petites capsules en

cendres d'os, très poreuses, dites *coupelles*, que l'on porte au rouge vif dans des *moufles*, chauffées par un fourneau spécial (fig. 13). Pour trouver par cette méthode le titre d'un alliage monétaire, on en pèse exactement 1 gramme, on le place dans une coupelle avec 8 ou 10 grammes de plomb *pauvre*, c'est-à-dire non argentifère, et on chauffe jusqu'à ce que la totalité du plomb et du cuivre se soient transformés en oxydes : ceux-ci, fusibles au rouge, sont peu à peu absorbés par les pores de la coupelle.

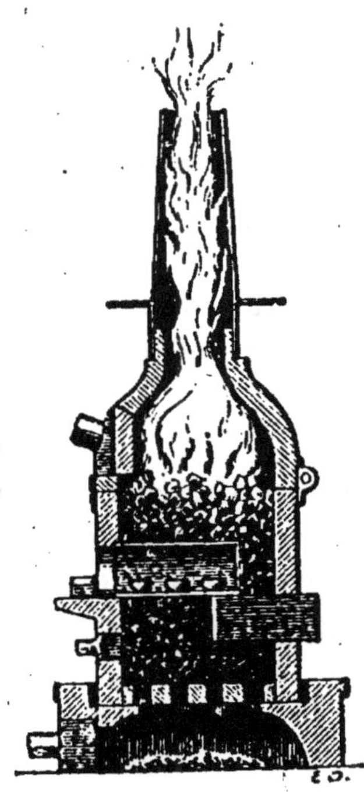

Fig. 13.
Fourneau de coupelle.

L'opération est terminée quand le métal fondu cesse d'être terni par la pellicule d'oxyde qui s'y forme ; on voit alors apparaître subitement la surface brillante du bain métallique, c'est le phénomène de l'*éclair*. Dès qu'il s'est produit, on rapproche *lentement* la coupelle de l'ouverture de la moufle, pour éviter le rochage, qui occasionnerait des pertes, puis on laisse refroidir complètement, on détache le bouton d'argent qui reste au fond de la coupelle et on le pèse : son poids, exprimé en milligrammes, donne le titre cherché, à quelques millièmes près.

Pour avoir le titre exact il convient d'ajouter au nombre précédent une correction, à peu près constante pour un même titre, qui ne dépasse pas ordinairement 4 millièmes.

Cette correction est rendue nécessaire par la perte

inévitable que l'argent subit par volatilisation, pendant la chauffe : on la trouve indiquée dans des tables spéciales, pour chacun des titres possibles.

Essai des alliages d'or.

35. — L'essai d'un alliage d'or nécessite la connaissance préalable de son titre approché ; l'analyse comprend alors deux parties distinctes : un essai approximatif, qui se fait sur la *pierre de touche*, et la détermination exacte du titre, qu'on appelle *inquartation*.

36. Essai à la pierre de touche. — Cette méthode, qui ne donne qu'une approximation à un centième près, environ, a l'avantage d'être extrêmement rapide ; pour l'appliquer il faut avoir une *pierre de touche*, fragment de roche siliceuse noire, très dure et inattaquable aux acides, des *touchaux*, alliages d'or à différents titres connus à l'avance (fig. 14), et un peu d'une eau régale renfermant 98 pour cent environ d'acide azotique et 2 pour cent d'acide chlorhydrique.

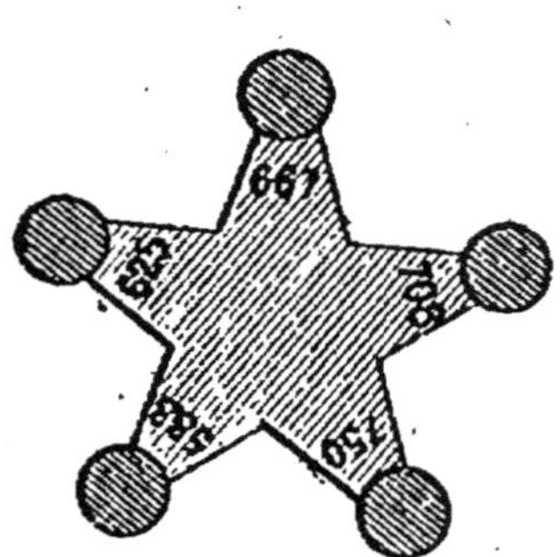

Fig. 14. — Touchau.

On fait un trait sur la pierre de touche, avec l'alliage à déterminer, et, à côté de celui-ci, un autre avec celui des alliages du touchau que l'on croit se rapprocher le plus du premier, puis on mouille les deux touches avec quelques gouttes d'eau régale. Si l'effet produit sur les deux touches est le même, on peut être sûr que le titre cherché est voisin de celui du touchau ; sinon on recommence avec un autre alliage, et cela jusqu'à ce qu'on ait obtenu l'égalité aussi parfaite que possible.

La coloration verte que prend l'acide au contact des touches, qui est due surtout à la dissolution du cuivre qu'elles renferment, peut servir de guide dans cette recherche, aussi bien que l'affaiblissement des touches elles-mêmes.

37. Inquartation. — L'inquartation est fondée sur ce fait, qui résulte de l'observation, que le cuivre des alliages d'or s'oxyde en totalité, au rouge, lorsqu'on ajoute à ceux-ci un excès de plomb et une quantité d'argent pur telle que l'or représente exactement le quart du poids total des métaux précieux.

Cela étant posé, on prend $0^{gr},500$ de l'alliage à analyser, on en détermine le titre approché à la touche, puis on y ajoute trois fois autant d'argent qu'il s'y trouve d'or, soit $1^{gr},35$ si le titre est voisin de 900 millièmes et, après avoir enveloppé le tout dans un petit morceau de papier, on l'introduit dans une coupelle bien rouge où l'on a mis à l'avance une dizaine de grammes de plomb pauvre. On continue à chauffer dans le fourneau à moufle jusqu'à ce qu'on ait vu se produire le phénomène de l'éclair, puis on laisse refroidir, on détache le bouton métallique qui reste dans la coupelle et qui ne contient plus que de l'or et de l'argent, on le transforme au laminoir en une lame mince que l'on recuit et que l'on enroule en forme de cornet, puis on procède au *départ*, c'est-à-dire à la séparation de l'argent qui accompagne l'or.

Pour cela on fait chauffer le cornet dans un matras d'essayeur avec de l'acide azotique, jusqu'à ce qu'il ne se dissolve plus rien, on lave avec soin à l'eau distillée, on recuit le cornet d'or restant au rouge sombre, dans un petit creuset, pour augmenter sa cohésion et l'empêcher de se briser, enfin on le pèse. Le double du poids trouvé exprime, à quelques dix-millièmes près, le titre exact de l'alliage.

Si le métal à analyser renferme déjà de l'argent, on en déterminera d'abord la composition approximative, par inquartation et dosage de l'argent dissous au moment du départ, puis on recommencera la même opération en se plaçant dans les conditions indiquées ci-dessus, c'est-à-dire en ajoutant à l'alliage une nouvelle proportion d'argent telle que le poids total de ce dernier soit triple de celui de l'or.

CHAPITRE IV

ANALYSE ORGANIQUE

38. Généralités. — Dans l'analyse des matières organiques, il convient de distinguer deux parties essentiellement différentes : l'*analyse immédiate*, qui permet de séparer les uns des autres les différents corps qui se trouvent mélangés dans les produits organiques naturels. et l'*analyse élémentaire*, qui fait connaître les proportions de chacun des éléments qui composent un corps organique bien défini.

Analyse immédiate.

39. — L'analyse immédiate, à laquelle on est forcé de recourir à chaque instant dans l'étude des tissus organisés, est généralement assez difficile et ne comporte aucune règle précise ; nous nous contenterons d'indiquer ici quelque-unes des méthodes en usage dans les cas les plus simples. Ces méthodes sont surtout d'ordre mécanique ou physique, de manière à être sûr que leur emploi ne modifiera pas la nature des substances, souvent fort altérables, que l'on cherche à isoler.

40. Râpage, pulvérisation. — Le râpage, par lequel on commence toujours l'analyse des substances végétales, a pour effet de déchirer les cellules et d'en faire sortir le contenu : c'est ainsi que l'on procède, par exemple, pour extraire l'amidon des pommes de terre, et c'est ainsi que l'on commençait autrefois la fabrication du sucre de betteraves.

La pulvérisation, qui se pratique seulement sur les substances sèches, produit le même effet que le râpage ; la séparation du gluten et de l'amidon qui se trouvent réunis dans les graines de céréales ne peut s'effectuer qu'après broyage de celles-ci.

41. Pression. — La pression sert à séparer les liquides qui imprègnent un corps solide quelconque ; on en fait usage pour l'extraction de l'huile des graines oléagineuses, pour enlever l'acide oléique qui se trouve contenu dans les acides gras de saponification, pour extraire le suc des plantes, par exemple le *vesou* de la canne à sucre, le jus de citron pour la fabrication de l'acide citrique, etc. Dans l'industrie, on emploie à cet effet des presses hydrauliques ou des appareils spéciaux connus sous le nom de *filtres-presses*.

42. Lavage. — Le lavage a pour but de séparer mécaniquement, d'un mélange quelconque, les corps insolubles qui s'y trouvent à l'état de particules très fines ; on l'emploie surtout pour extraire la fécule de la pulpe de pommes de terre ou l'amidon de la pâte de farine.

43. Épuisement. — On appelle épuisement l'opération par laquelle on sépare, à l'aide d'un dissolvant convenablement choisi, la totalité des corps solubles que renferme un mélange.

Pour extraire le sucre des racines de betteraves, on

épuise celles-ci par l'eau tiède dans de grands cylindres appelés *diffuseurs* ; pour séparer la matière grasse qui est contenue dans une graine ou dans un tourteau, on épuise ces substances par l'éther, le sulfure de carbone ou l'éther de pétrole, etc. (fig. 15).

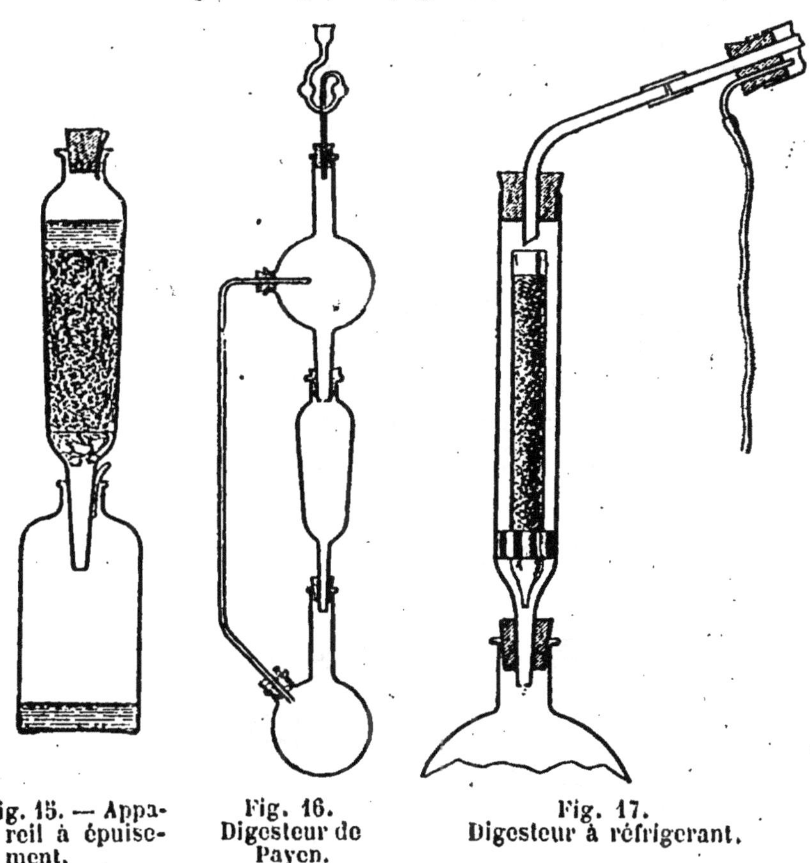

Fig. 15. — Appareil à épuisement.

Fig. 16. Digesteur de Payen.

Fig. 17. Digesteur à réfrigerant.

Dans le cas particulier où le dissolvant est volatil, il est avantageux, pour obtenir un épuisement complet avec un volume restreint de liquide, de se servir d'appareils spéciaux que l'on désigne dans les laboratoires sous le nom de *digesteurs*. Ces appareils se composent tous d'une chaudière (le plus souvent un simple ballon) dans laquelle on maintient le dissolvant en pleine ébullition, d'un réfrigérant, dans lequel les vapeurs sortant de la chaudière vont se condenser, et d'une allonge, communiquant par le bas avec la chaudière et par le haut avec l'extrémité du réfrigérant, où l'on place la matière à épuiser (fig. 16 et 17) : celle-ci se trouve alors incessamment en contact avec le liquide qui sort du condenseur et lui abandonne bientôt la totalité de ses principes solubles ; on retrouve ceux-ci dans la chaudière, à la fin de l'opération, sous forme de dissolution concentrée.

44. Distillation. — La distillation est employée toutes les fois qu'il s'agit de séparer un ou plusieurs corps volatils d'autres qui ne le sont pas ; elle s'effectue dans des appareils qui tous se composent en principe d'une *chaudière* et d'un *réfrigérant* (fig. 18, 19 et 20).

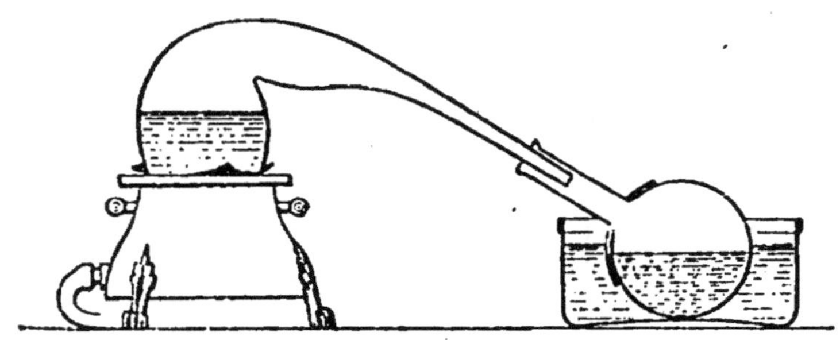

Fig. 18. — Distillation des liquides corrosifs.

C'est ainsi que l'on extrait l'essence de térébenthine de la résine brute et les essences odorantes des plantes à parfums ; dans ce cas, il convient d'effectuer la distillation en présence d'un excès d'eau ; on recueille alors un mélange d'eau et d'essence qui se séparent et se superposent par ordre de densité. La séparation et l'accumulation de l'essence sont facilitées par l'emploi de flacons dits *récipients florentins* (fig. 21), qui permettent l'écoulement continu de l'eau seule ou celui des deux liquides à la fois.

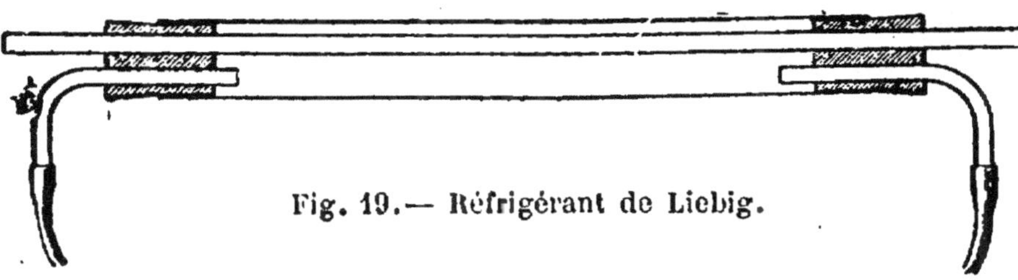

Fig. 19.— Réfrigérant de Liebig.

Lorsqu'on soumet ainsi à la distillation un mélange qui renferme plusieurs corps volatils, ceux-ci passent et se condensent ensemble, en sorte qu'on n'obtient

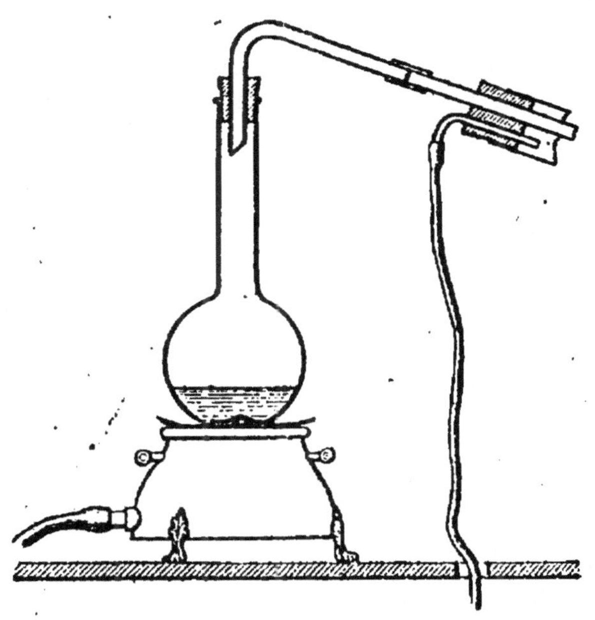

Fig. 20. — Appareil distillatoire.

encore qu'un mélange ; pour en séparer les composants, il faut avoir recours à la *distillation fractionnée*.

Cette opération, qui est d'un usage incessant en

chimie organique, est fondée sur ce fait que, lorsqu'on refroidit lentement un mélange de vapeurs saturantes, c'est toujours celle dont la température de liquéfaction est située le plus haut qui se condense la première. On emploie dans les laboratoires, pour appliquer ce

Fig. 21. — Récipients florentins.

principe, divers appareils dont le plus commode est le tube à boules de Le Bel et Henninger (fig. 22 et 23) : il se compose d'un tube en verre mince, sur lequel on a soufflé un certain nombre d'ampoules, communiquant entre elles par leurs extrémités et par un tube fin, recourbé en siphon, qui relie la partie inférieure de chacune d'elles à la partie inférieure de la suivante.

Les orifices de communication directe sont en partie obturés par un petit cône en toile de platine ou une spirale formée d'un fil du même métal (fig. 24 et 25), qui laisse passer la vapeur sans permettre au liquide condensé dans le tube de suivre la même voie; ce liquide s'écoule alors par les siphons latéraux, en formant sur son chemin autant de nappes, qui recouvrent chacun des obturateurs en platine.

Pour se servir de cet appareil, on le dispose au-dessus de la chaudière qui renferme le mélange des corps volatils à séparer, on place au sommet un thermomètre pour connaître la température de la vapeur en ce point, et on relie la partie supérieure du tube à un réfrigérant (fig. 26). Si alors on chauffe doucement, la vapeur du liquide le plus volatil passe seule, tandis que toutes les autres se condensent et retournent à la chaudière.

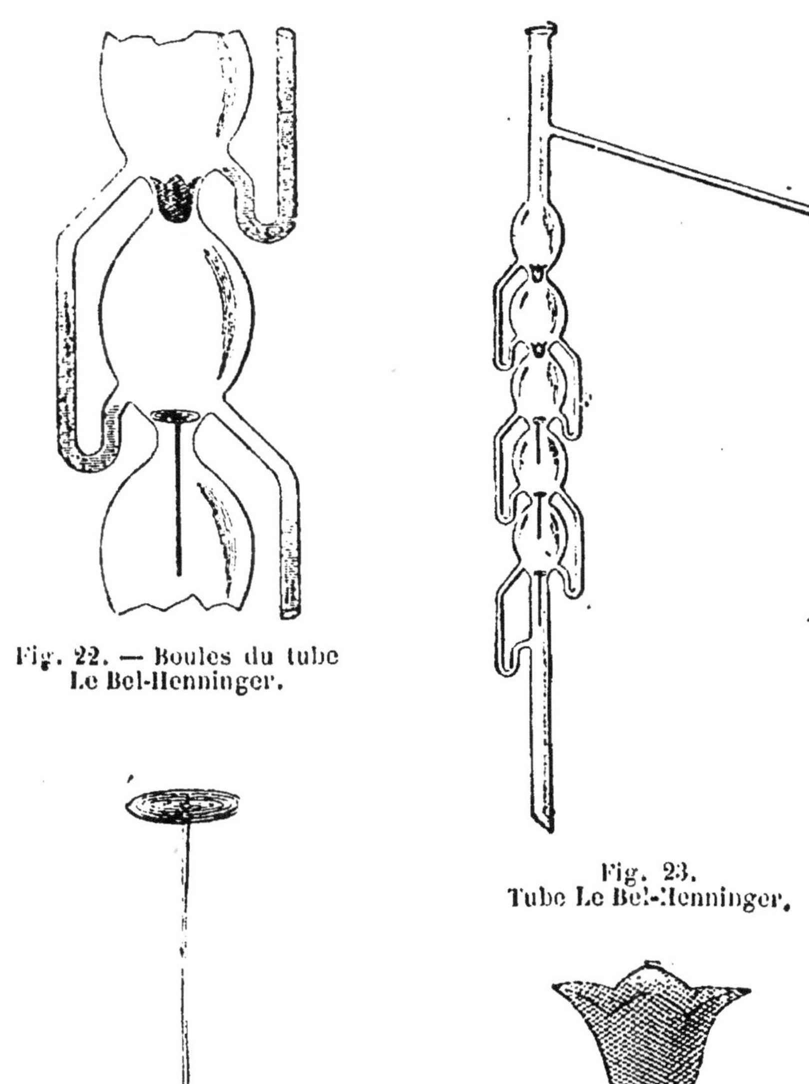

Fig. 22. — Boules du tube Le Bel-Henninger.

Fig. 23. Tube Le Bel-Henninger.

Fig. 24. — Plateau en platine.

Fig. 25. — Panier en platine.

Le thermomètre doit rester fixe tant que la vapeur qui se dégage est pure de tout mélange ; dès qu'il monte, on change de récipient et on recueille alors, de la même

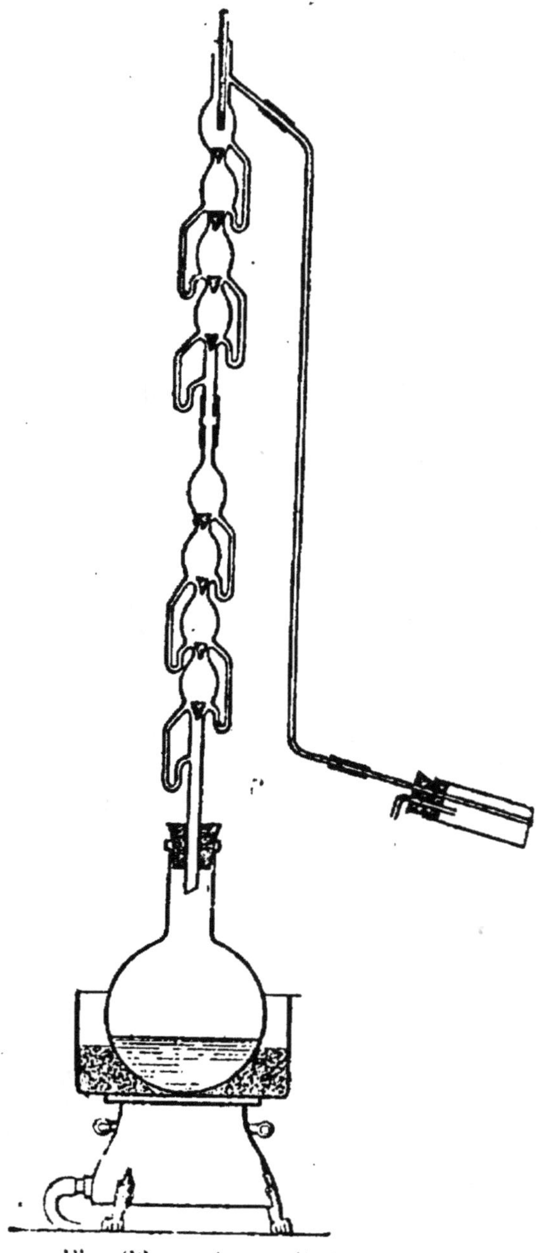

Fig. 26. — Appareil à rectifier.

façon, le plus volatil des corps qui restaient dans la chaudière. On peut ainsi, de proche en proche, séparer tous les hydrocarbures qui constituent le pétrole ou les huiles légères de goudron, extraire l'alcool des liquides fermentés, etc.

Dans l'industrie, on emploie pour le même usage des appareils de grandes dimensions, qui sont fondés sur le même principe et qui, à cause de leur forme, sont connus sous le nom de *colonnes à rectifier*.

45. Cristallisation. — Lorsqu'un liquide renferme en dissolution un corps solide cristallisable, on peut séparer celui-ci en concentrant la liqueur et l'abandonnant ensuite à la cristallisation spontanée.

Parfois cette cristallisation est fort lente, souvent même la liqueur reste sursaturée presque indéfiniment ; il est alors nécessaire d'*amorcer* la cristallisation en projetant dans le liquide quelques parcelles du corps qui doit se déposer : c'est ainsi qu'on arrive à faire cristalliser les sucres de leurs dissolutions sirupeuses.

Quand plusieurs corps se trouvent dissous dans le même liquide, ils se séparent d'ordinaire les uns après les autres, par ordre de solubilité croissante ; il importe, dans ce cas, de recueillir séparément les cristaux qui se déposent, au fur et à mesure de leur production. On dit alors qu'on fait une *cristallisation fractionnée*.

46. Précipitation. — Cette méthode consiste à séparer un corps dissous par addition d'un réactif qui le précipite, soit en nature, soit sous la forme d'un composé d'où il sera facile de l'extraire ultérieurement. C'est ainsi qu'on peut séparer la dextrine de ses dissolutions aqueuses par addition d'alcool, l'acide tartrique des tartres bruts par la craie et le chlorure de calcium, qui le transforment en tartrate calcique insoluble, l'acide malique des sucs de fruits par le sous-acétate de plomb, etc.

Quand plusieurs substances sont précipitables par le même réactif, on n'ajoute celui-ci que par petites portions à la fois et on recueille séparément, pour les étudier à part, les dépôts qui se forment après chaque addition : c'est la méthode dite de *précipitation fractionnée*.

47. Caractères de pureté d'une matière organique. — En général, on peut dire qu'une matière organique solide et cristallisable est pure quand elle présente exactement les mêmes propriétés physiques (densité, solubilité, point de fusion, point d'ébullition, pouvoir rotatoire, etc.) après plusieurs dissolutions et cristallisations successives.

La pureté d'un liquide volatil se reconnait à la fixité absolue de son point d'ébullition, et quand cette condition n'est pas réalisée il est presque toujours possible d'y atteindre par une ou plusieurs rectifications. Quand il s'agit d'une substance qui n'est ni cristallisable ni volatile, l'état de pureté ne peut plus guère s'établir autrement que par l'étude de ses dérivés ou par la constance de sa composition élémentaire : lorsque celle-ci est très complexe et qu'il est impossible de la représenter par une formule définie, concordant avec les réactions chimiques du corps qu'elle représente, la difficulté devient à peu près insurmontable. C'est le cas des matières albuminoïdes, de la chlorophylle et d'un grand nombre d'autres principes élaborés par l'organisme vivant.

Analyse élémentaire.

48. — Ainsi que nous l'avons déjà dit plus haut, l'analyse élémentaire a pour but de faire connaitre la proportion des divers éléments qui composent une matière organique quelconque. Ces éléments sont le carbone, l'hydrogène, l'oxygène et l'azote, quelquefois des corps halogènes, du chlore, du brome ou de l'iode, voire même du soufre, du phosphore ou des métaux.

Lorsqu'il s'agit de matières organiques brutes ou de corps cristallisés, il faut encore faire entrer en ligne de compte l'eau d'hydratation et les matières minérales qui peuvent s'y trouver.

Dosage de l'eau.

49. — C'est toujours par le dosage de l'eau hygrométrique qu'il faut commencer l'analyse : on l'effectue d'une manière très simple, en déterminant la perte de poids que subit la substance pendant la dessiccation.

Lorsque la matière n'est pas volatile et qu'elle résiste bien à l'action de la chaleur, on la dessèche en la

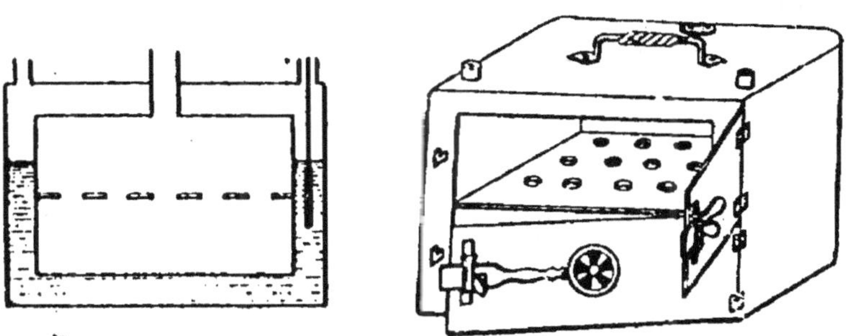

Fig. 27. — Étuve de Gay-Lussac (vue et coupe).

maintenant dans une étuve (fig. 27), chauffée à 100 degrés ou mieux à 110 degrés, jusqu'à ce qu'elle ne change plus de poids ; quand elle est trop altérable ou trop volatile pour pouvoir supporter sans inconvénient cette température, on la dessèche à froid, en la laissant séjourner sous une cloche à côté d'un cristallisoir rempli d'acide sulfurique, qui absorbe la vapeur d'eau émise (fig. 28).

On peut hâter la dessiccation en faisant le vide à l'intérieur de l'appareil (fig. 29).

Il est bon, quand cela est

Fig. 28. — Appareil à dessécher.

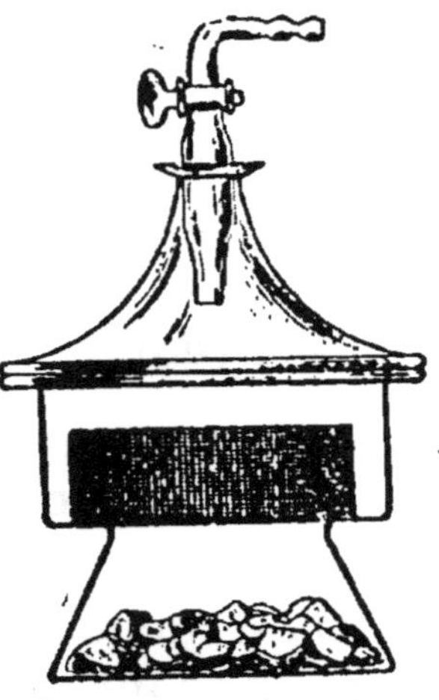
Fig. 29. — Appareil à sécher dans le vide.

possible, de faire successivement ces deux opérations, en commençant par la dessiccation à froid : la perte de poids à 110 degrés donne alors la quantité d'eau qui était unie chimiquement à la matière étudiée, par exemple l'eau de cristallisation s'il s'agit d'un sel hydraté.

Dosage des cendres.

50. — Après le dosage de l'eau, on procède à celui des matières minérales ou *cendres ;* pour cela, on calcine, à l'air libre, dans un creuset ou une capsule de platine, un poids connu de matière *sèche* (1 à 2 grammes au plus) jusqu'à ce que le résidu ne renferme plus aucune trace visible de charbon : on pèse alors et, en retranchant du poids trouvé celui de la capsule vide, on en déduit le poids cherché des cendres.

La calcination doit être faite à une température aussi

peu élevée que possible, de manière à éviter les pertes qui pourraient provenir de la volatilisation d'une partie des matières minérales, de manière aussi à éviter leur fusion, qui empêcherait l'accès de l'air et rendrait la combustion des dernières particules charbonneuses extrêmement difficile.

Les matières purement organiques ne doivent pas laisser de cendres à l'incinération, puisque tous leurs éléments sont gazeux ou transformables par la chaleur en produits gazeux.

Dosage du carbone et de l'hydrogène.

51. — Le carbone et l'hydrogène se dosent toujours simultanément, par une seule et même opération, qui consiste à brûler *complètement* la matière et à déduire les quantités de carbone et d'hydrogène présents du poids de l'anhydride carbonique et de la vapeur d'eau qui se forment pendant la combustion.

Pour que cette combustion soit totale, il est nécessaire d'employer un mode opératoire spécial, qui est toujours le même et que nous allons décrire en détail, en examinant les différents cas qui peuvent se présenter.

52. Cas des matières non azotées solides. — On prend un tube de verre peu fusible, en verre vert ou mieux en verre de Bohême, de 15 à 18 millimètres de diamètre intérieur et long de $1^{m},10$ environ, et on y introduit d'abord, à quelques centimètres de l'une des extrémités, un tampon d'amiante, destiné à maintenir en place les matières qu'on va mettre à la suite, puis, sur une longueur de 50 centimètres, une colonne d'oxyde de cuivre pur, en paillettes ou en petits grains, enfin encore un tampon d'amiante qui joue le même rôle que le premier (fig. 30).

Fig. 30. — Tube chargé pour le dosage du carbone et de l'hydrogène dans les corps non azotés.

Cela fait, on entoure le tube d'une gaine métallique, en clinquant mince, pour éviter les déformations ou les flexions que le tube pourrait subir ultérieurement pendant la chauffe, et on le place sur une grille, à charbon ou à gaz, de 80 centimètres de longueur environ, dans une position telle que toute la colonne d'oxyde de cuivre puisse y être portée au rouge.

On chauffe alors le tube dans toute la partie qui contient l'oxyde de cuivre, et on y fait passer continuellement un courant lent d'oxygène (ou simplement d'air atmosphérique), rigoureusement dépouillé de toute trace d'acide carbonique ou

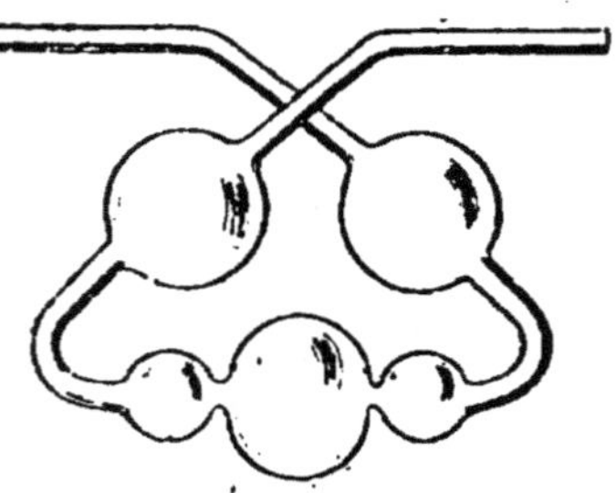

Fig. 31. — Tubes à boules de Liebig.

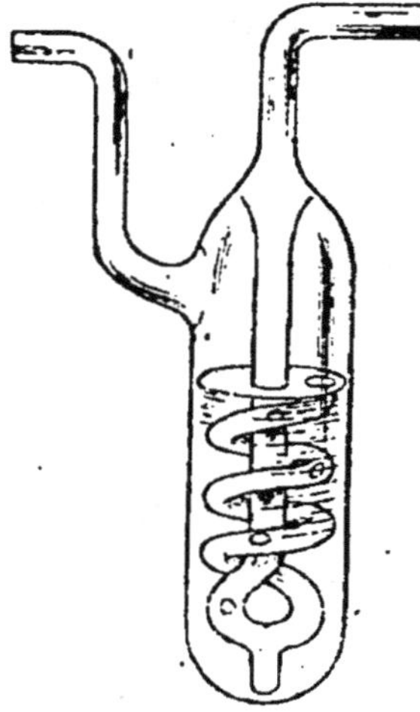

Fig. 32. — Absorbeur de Maquenne.

de vapeur d'eau par des laveurs à potasse et des tubes à ponce sulfurique.

Cette première partie de l'opération, qui doit durer

à peu près une demi-heure, a pour but de dessécher entièrement l'intérieur du tube et de brûler les poussières organiques qui s'y trouvaient au début.

Pendant ce temps, on pèse les appareils qui doivent retenir l'acide carbonique et la vapeur d'eau formés pendant la combustion : ce sont d'abord un tube en U à ponce sulfurique, puis un tube à boules de Liebig, ou tout autre du même genre, renfermant une solution concentrée de potasse (fig. 31 et 32), et enfin un dernier tube en U, à ponce sulfurique, ou mieux à chaux sodée.

Les deux premiers de ces appareils doivent retenir la vapeur d'eau et l'acide carbonique produits par la combustion ; le troisième a pour but d'arrêter la vapeur d'eau que le courant de gaz préalablement desséché entraîne nécessairement au sortir du tube à lessive de potasse.

Lorsqu'on suppose que le tube à analyse est suffisamment purifié de ses poussières et de son humidité, on y ajuste les appareils précédents, puis on pèse la matière à analyser, aussi pure et aussi sèche que possible (3 à 4 décigrammes), on l'introduit dans une petite nacelle en platine, récemment calcinée, et on glisse le tout dans l'intérieur du tube à analyse, près du tampon d'amiante qui limite la colonne d'oxyde de cuivre, en enlevant pendant un instant le bouchon par lequel passe le tube d'arrivée de l'oxygène. On remet immédiatement celui-ci en place et on chauffe doucement et progressivement la partie du tube où se trouve la nacelle : alors la matière organique se décompose; les gaz qui s'en dégagent brûlent, en fixant soit l'oxygène de l'atmosphère ambiante, soit l'oxygène de l'oxyde de cuivre, et se transforment en vapeur d'eau et en acide carbonique, qui vont se condenser dans les tubes à ponce et à lessive alcaline (fig. 33).

La température de la partie du tube où se trouve la nacelle et la vitesse du courant d'air qui continue à circuler dans l'appareil doivent être réglées de manière à ce que les gaz brûlés traversent les tubes à potasse en raison de *une* bulle par seconde, en moyenne.

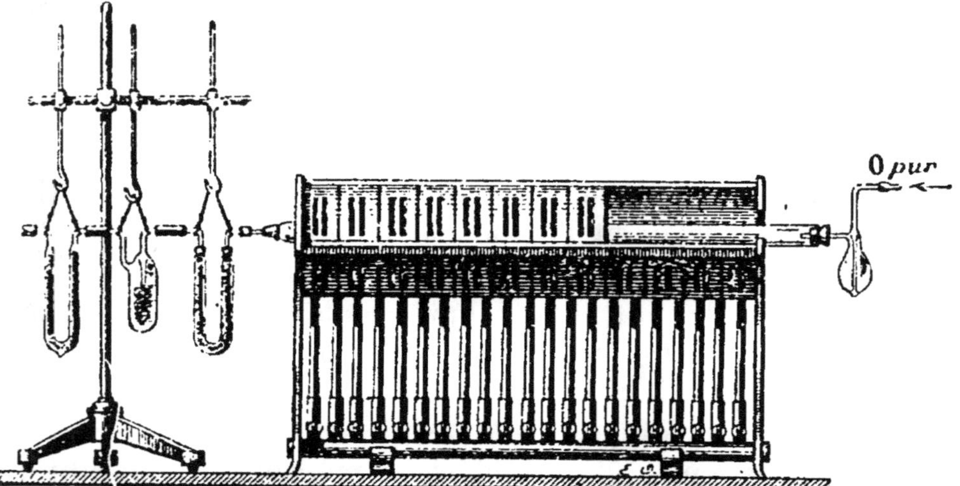

Fig. 33. — Dosage du carbone et de l'hydrogène.

L'analyse est terminée quand la combustion est complète : on en est averti, lorsque la matière ne laisse pas de cendres, à ce que la nacelle de platine est complètement vidée et redevenue brillante. Il est bon, pour juger de l'état d'avancement de l'opération, de ménager, à travers l'enveloppe métallique du tube, une fenêtre permettant de voir à chaque instant la nacelle qui se trouve dans son intérieur.

On laisse encore le courant de gaz passer pendant au moins un quart d'heure, pour être certain que tous les produits de combustion ont passé dans les tubes absorbants, puis on pèse à nouveau ces derniers.

L'agmentation de poids du tube à ponce sulfurique donne la quantité d'eau formée, dont le neuvième représente le poids d'hydrogène contenu dans la matière organique; enfin, l'augmentation de poids des deux tubes suivants mesure l'acide carbonique produit, dont les $\frac{3}{11}$ représentent le carbone cherché.

L'opération totale dure de trois à quatre heures et donne ordinairement d'excellents résultats quand la matière est facilement combustible; dans le cas contraire, il est avantageux, pour abréger l'opération, de mélanger la matière, dans la nacelle même, avec 1 gramme ou deux de bichromate de potassium, récemment fondu et parfaitement desséché. La combustion s'effectue alors surtout aux dépens de l'oxygène que renferme le bichromate.

53. Cas des matières non azotées liquides. — La pesée exacte d'un liquide est toujours plus délicate que celle d'un solide, surtout quand on a affaire à un corps volatil, qui s'évapore à l'air libre dès la température ordinaire. On enferme alors le liquide dans une ampoule en verre mince, tarée, que l'on scelle à la lampe : l'augmentation de poids de l'ampoule fait connaître exactement la quantité de matière employée; on casse alors l'une de ses pointes, on la place rapidement dans la nacelle, en ayant bien soin de ne pas perdre de liquide, puis on introduit le tout dans le tube et on conduit l'analyse comme précédemment.

54. Cas des matières azotées. — Lorsqu'on calcine une matière organique azotée dans un courant d'oxygène ou en présence d'oxyde de cuivre, il se forme toujours une petite quantité de bioxyde ou de peroxyde d'azote qui, étant solubles dans l'acide sulfurique concentré, viendraient, si on les laissait sortir du tube en même temps que la vapeur d'eau et l'acide carbonique, augmenter d'une quantité inconnue le poids du tube à ponce sulfurique et, par conséquent, fausser le dosage de l'hydrogène.

Pour obvier à cet inconvénient, on dispose à l'intérieur du tube à analyse, sur une longueur de 12 à 15 centimètres, entre le tampon d'amiante terminal et l'oxyde de cuivre, une colonne de cuivre métallique (tournure fine ou fragments de fils) pur, préalablement grillé à l'air et réduit par l hydrogène (fig. 31).

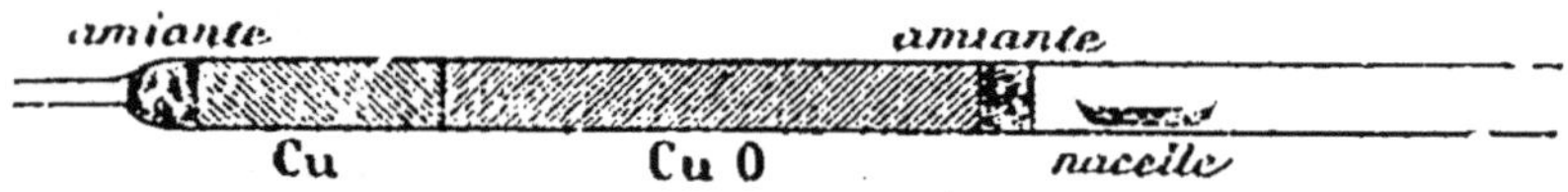

Fig. 31. — Tube chargé pour le dosage du carbone et de l'hydrogène dans les corps azotés.

Le cuivre décomposant les oxydes d'azote pour s emparer de leur oxygène ne laisse plus passer, dans ces conditions, que de l'azote pur, qui ne gêne aucunement.

55. Cas des matières chlorées, bromées ou iodées. — Les combinaisons organiques du chlore, du brome et de l'iode dégagent, en brûlant, des vapeurs d'hydracides que l'oxyde de cuivre n'absorbe que très incomplètement ; pour les arrêter, il suffit, pendant le chargement du tube, d'intercaler, vers le milieu de la colonne d'oxyde, une autre colonne d'argent en poudre, occupant une longueur de quelques centimètres.

Ce métal décompose les hydracides entraînés et retient, à l'état de combinaisons haloïdes fixes, la totalité du chlore, du brome ou de l'iode que contenait la matière organique.

56. Cas des matières sulfurées. — Pour éviter qu'il ne se dégage des vapeurs sulfureuses pendant la combustion des matières qui renferment du soufre, on mélange l'oxyde de cuivre avec du chromate de plomb, qui transforme le soufre en sulfate de plomb fixe et indécomposable par la chaleur.

57. Cas des sels organiques alcalins ou alcalino-terreux. — Les sels organiques des métaux alcalins ou alcalino-terreux laissent tous à la combustion un résidu de carbonate qui retient une partie importante du carbone à doser ; pour avoir la totalité de celui-ci, il faut alors, à la fin de l'analyse, recueillir les cendres que contient la nacelle et y doser l'acide carbonique. On en déduit la quantité de carbone qui était restée dans le résidu fixe et on l'ajoute à celle qui a été donnée par l'augmentation de poids des tubes à potasse et à chaux sodée.

On peut aussi ajouter à la matière primitive, dans la nacelle, un peu d'acide tungstique ou d'oxyde d'antimoine qui, au rouge, décomposent les carbonates alcalins en les transformant en tungstates ou antimoniates ; on recueille alors, toujours sous la forme d'anhydride carbonique, la totalité du carbone que contenait le sel.

Dosage de l'azote.

58. Essai qualitatif. — Avant de procéder au dosage de l'azote, il est évidemment nécessaire de s'assurer de sa présence; pour cela, on emploie deux méthodes que nous allons d'abord exposer.

La première consiste à chauffer la matière au rouge sombre, dans un tube à essai, avec un excès de chaux sodée (1) ; presque toutes les combinaisons de l'azote

(1) La chaux sodée est un mélange de chaux et de soude,

donnent ainsi un dégagement d'ammoniaque, qu'il est facile de reconnaître à son odeur, à son action sur un papier de tournesol rouge humide, ou encore aux fumées qu'elle développe à l'approche d'une baguette de verre trempée dans l'acide chlorhydrique.

La seconde consiste à faire passer l'azote de la matière organique à l'état de bleu de Prusse, qui se reconnaît à sa coloration intense; pour la mettre en pratique, on chauffe une parcelle de la substance étudiée, avec un fragment de potassium, dans un petit tube de verre bouché par un bout, jusqu'à ce qu'il ne se dégage plus sensiblement de gaz. On laisse alors refroidir, on reprend avec précaution le résidu par l'eau, de manière à dissoudre le cyanure de potassium qui s'est formé, on filtre, on ajoute quelques gouttes de sulfate ferroso-ferrique (mélange de sulfate ferreux et de sulfate ferrique), on fait bouillir un instant, et enfin on sursature par l'acide chlorhydrique : il se produit immédiatement une coloration bleue ou verte, caractéristique du cyanure de fer ou bleu de Prusse.

Le dosage de l'azote organique peut se faire par trois procédés différents, que l'on désigne sous le nom de leurs auteurs. Ce sont : le procédé Dumas, le procédé Péligot et le procédé Kjeldahl.

59. Procédé Dumas. — La méthode repose sur ce fait que l'azote des matières organiques se dégage à l'état libre, pendant leur combustion, en même temps que de la vapeur d'eau et de l'anhydride carbonique.

On prend un tube en verre peu fusible, semblable à

---

que l'on prépare en chauffant au rouge, dans un creuset, de la chaux fraîchement éteinte avec une lessive concentrée de soude caustique. On l'emploie en grains de la grosseur d'un petit pois.

ceux qui servent pour le dosage du carbone et de l'hydrogène, on le ferme par un bout, au chalumeau, et on y introduit successivement : 1° une dizaine de grammes de carbonate de manganèse ou de bicarbonate de sodium (bien exempt d'ammoniaque) ; 2° 5 ou 6 centimètres d'oxyde de cuivre pur ; 3° la matière à analyser (3 à 5 décigrammes), mélangée avec un excès d'oxyde de cuivre ; 4° de l'oxyde de cuivre pur, et 5° enfin, du cuivre métallique ; le tout occupant une longueur totale de 0m,80 environ (fig. 35).

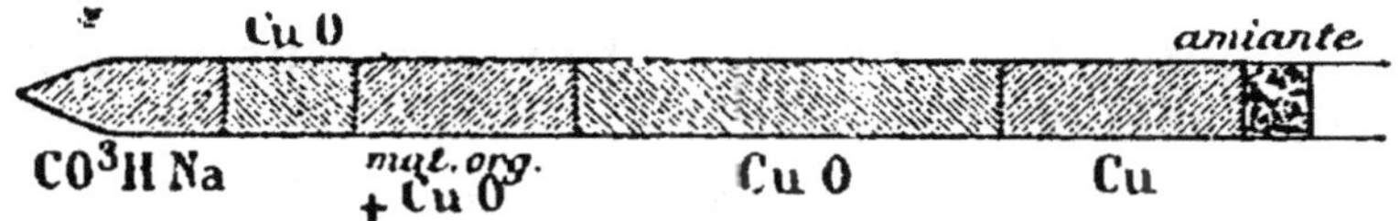

Fig. 35. — Tube chargé pour le dosage de l'azote en volume.

On entoure alors le tube d'une enveloppe de clinquant ; on le place sur une grille à analyses et on y adapte, par l'intermédiaire d'un bouchon soigneusement travaillé, un tube abducteur débouchant dans une cuve à mercure.

On commence par chauffer doucement l'extrémité du tube qui contient le carbonate de manganèse ou le bicarbonate de sodium, de manière à déplacer tout l'air et, par conséquent, tout l'azote gazeux que renferme l'appareil et à le remplacer par une atmosphère d'anhydride carbonique. Lorsque le gaz qui se dégage est entièrement absorbable par la potasse, ce qui montre qu'il est formé d'anhydride carbonique pur, on cesse de chauffer ; on met au-dessus du tube abducteur une éprouvette pleine de mercure, dans laquelle on fait passer, à l'aide d'une pipette courbe, 25 à 30 grammes d'une solution concentrée de potasse, pour dissoudre le gaz carbonique qui va se dégager, puis on chauffe l'autre extrémité du tube à analyse, en avançant progressivement le feu jusqu'à ce que l'on arrive au point où se trouve la matière organique. Alors celle-ci se décompose, en dégageant des gaz combustibles qui se transforment au contact de l'oxyde de cuivre en acide carbonique et en vapeur d'eau, de l'azote qui passe inaltéré et des oxydes d'azote qui sont ramenés par le cuivre métallique à l'état d'azote libre.

Lorsqu'il ne se dégage plus rien, ce qui montre que la matière organique est complètement décomposée, on chauffe de nouveau le carbonate de manganèse pour produire encore un dégagement d'anhydride carbonique qui *balaye* le tube et envoie tous les gaz qui s'y trouvent dans l'éprouvette.

Celle-ci contient alors tout l'azote de la matière organique, à l'état de pureté complète, si l'opération a été conduite avec soin. On transporte le gaz sur la cuve à eau, pour éliminer la potasse avec laquelle il se trouve en contact et on mesure son volume V dans une éprouvette graduée; on note au même instant la température t de l'eau de la cuve, ainsi que la pression barométrique H; on cherche dans les tables spéciales la tension f de la vapeur d'eau à la température t, et on calcule le poids correspondant par la formule connue

$$P = \frac{V \times 0{,}967 \times 1{,}293(H - f)}{760(1 + \alpha t)}.$$

Si le volume V est exprimé en centimètres cubes, le poids P est naturellement donné en milligrammes.

Cette méthode est la plus exacte de toutes et elle est d'une application générale, c'est-à-dire qu'elle permet de doser l'azote dans toutes les matières organiques, sans exception ; c'est en particulier la seule dont on puisse faire usage dans l'analyse des corps nitrés, tels que la nitrobenzine ou l'acide picrique.

60. Procédé Péligot. — Le procédé Péligot consiste, en principe, à transformer tout l'azote de la matière organique en ammoniaque, que l'on dose ensuite et d'où l'on déduit par le calcul la quantité d'azote cherchée : l'agent nécessaire pour accomplir cette transformation est la chaux sodée, qui nous a déjà servi dans la recherche qualitative de l'azote organique.

Dans un tube en verre vert, fermé par un bout et d'une longueur de 40 centimètres environ, on introduit d'abord 2 ou 3 grammes d'acide oxalique, mélangé de chaux sodée en petits grains, puis de la chaux sodée seule, la matière organique à analyser (1 à 2 gr.), mélangée avec cinq ou six fois son poids de chaux sodée, enfin de la chaux sodée seule, avec laquelle on achève de remplir le tube (fig. 36). On maintient le

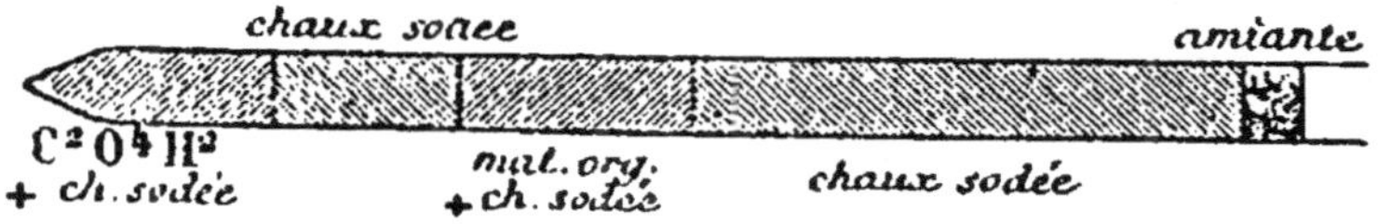

Fig. 36. — Tube chargé pour le dosage de l'azote par la chaux sodée.

tout par un tampon d'amiante, on enveloppe le tube d'une gaine de clinquant, on le place sur une grille à analyse et on y adapte un tube à trois boules, de forme particulière, dit *tube de Will et Warrentrapp*, dans lequel on verse, à l'aide d'une pipette jaugée, 10 centimètres cubes d'acide sulfurique normal à 49 grammes de SO^4H^2 par litre (fig. 37).

On chauffe alors, progressivement et de proche en proche, en commençant par l'extrémité du tube qui communique avec l'appareil de Will ; sous l'action de la chaleur, la matière organique se décompose et dégage tout son azote à l'état d'ammoniaque, qui va se dissoudre dans l'acide sulfurique ; quant à l'acide oxalique, il est destiné, à la fin de l'expérience, à produire un dégagement d'hydrogène qui chasse au dehors du

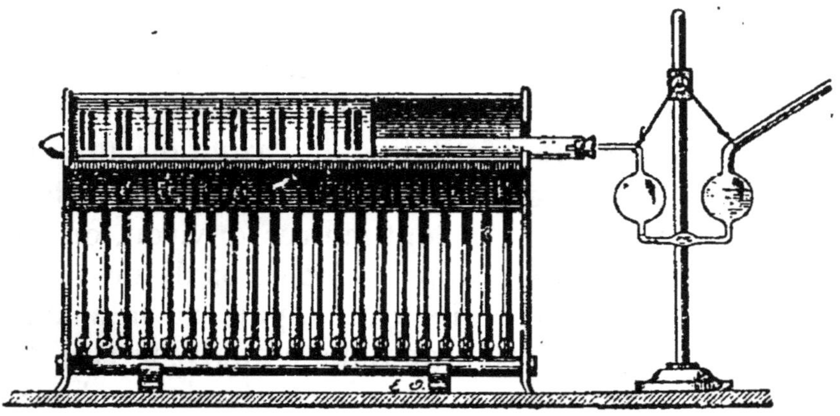

Fig. 37. — Dosage de l'azote par la chaux sodée.

tube les dernières traces d'ammoniaque qui pourraient y rester.

$$C^2O^4H^2 + 2CaO = 2CO^3Ca + 2H.$$

Quand il ne se dégage plus de gaz, on détache le tube de Will et Warrentrapp, on verse son contenu, qui est maintenant un mélange de sulfate d'ammoniaque et d'acide sulfurique en excès, dans un vase à précipiter; on y ajoute quelques gouttes de teinture de tournesol, pour le colorer en rouge, et enfin on dose la quantité d'acide resté libre avec une solution normale de potasse.

Soit V′ le volume de potasse nécessaire, et soit, d'autre part, V le titre de cette solution, c'est-à-dire le volume qu'il en faut prendre pour saturer exactement 10 centimètres cubes d'acide sulfurique normal ; une demi-molécule d'acide sulfurique, pesant 49 grammes, est unie, dans le sulfate d'ammoniaque, à un atome d'azote, pesant 14 grammes. La quantité d'azote cherchée, qui est actuellement dans le liquide à l'état de sulfate d'ammoniaque, sera donc donnée par l'expression :

$$P = 0,14 \frac{V - V'}{V}.$$

L'opération est rapide et dure à peine une heure, mais les résultats sont toujours un peu moins précis que dans le procédé Dumas, et la méthode est absolument inapplicable aux corps nitrés, dont l'azote ne se transforme que très incomplètement en ammoniaque sous l'action de la chaux sodée. Il est donc nécessaire, avant de l'employer, de savoir à quel état se trouve l'azote dans la substance que l'on étudie.

Remarque. — Il est indispensable, lorsqu'on fait un dosage d'azote par le procédé Péligot, de s'arranger de manière à ce qu'il reste toujours un excès d'acide dans le liquide du tube de Will et Warrentrapp ; on devra donc toujours prendre une quantité de matière telle qu'il s'y trouve moins de 0gr,14 d'azote, autrement les 10 centimètres cubes d'acide sulfurique seraient saturés avant la fin de l'expérience et il pourrait y avoir des pertes d'ammoniaque par volatilisation.

61. Procédé Kjeldahl. — Cette méthode repose sur le même principe que le procédé Péligot, mais l'agent de transformation qui fait passer l'azote organique à l'état d'ammoniaque est ici l'acide sulfurique concentré.

La matière à analyser est introduite dans un petit ballon en verre avec une vingtaine de grammes d'acide sulfurique pur à 66 degrés et une forte goutte de mercure ; on chauffe vers 300 degrés jusqu'à ce que le mélange, qui noircit au début, soit entièrement décoloré, puis on transvase le résidu dans un ballon de 1 litre, on le sursature avec une lessive alcaline de soude ou de potasse et on distille en recueillant l'ammoniaque qui se dégage dans 10 centimètres cubes d'acide sulfurique normal (fig. 38). On titre alors celui-

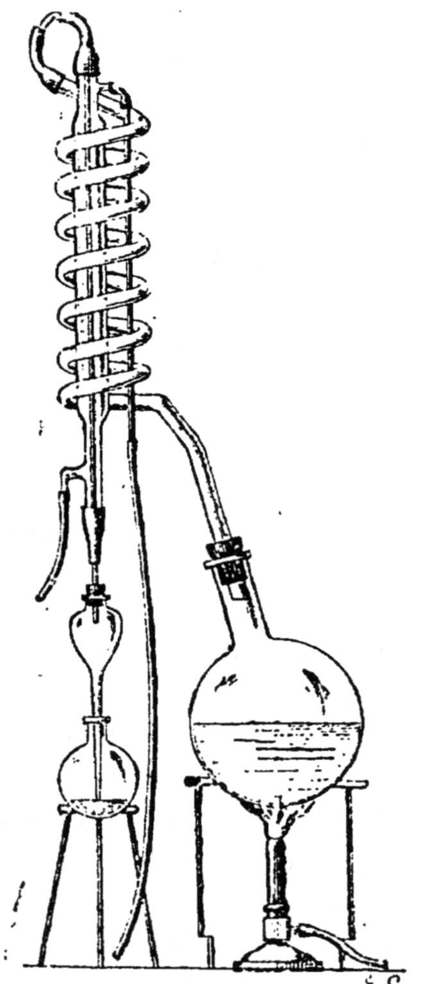

Fig. 38. — Appareil pour doser l'ammoniaque.

ci au moyen d'une liqueur de potasse comme dans le procédé Péligot.

Le procédé Kjeldahl est applicable seulement aux matières organiques dans lesquelles l'azote n'est pas directement lié à de l'oxygène ; il ne saurait donc encore servir à l'analyse des produits nitrés.

Dosage des corps halogènes.

62. — Pour doser les éléments halogènes, c'est-à-dire le chlore, le brome ou l'iode, dans leurs combinaisons organiques, on emploie indifféremment deux méthodes qui sont connues sous le nom de *procédé à la chaux* et *procédé Carius ;* elles consistent l'une et l'autre à transformer l'halogène en sel d'argent insoluble, que l'on recueille et que l'on pèse.

63. Procédé à la chaux. — Dans un tube en verre, de 20 à 25 centimètres de longueur sur 8 millimètres environ de diamètre intérieur et fermé par un bout, on introduit d'abord la matière à analyser, mélangée intimement avec un excès de chaux vive *pure*, puis de la chaux en poudre, et on chauffe peu à peu jusqu'au rouge, en commençant par l'extrémité ouverte.

Dans ces conditions, les éléments halogènes passent à l'état de sels de calcium solubles ; on jette alors le contenu du tube dans un excès d'eau distillée, on ajoute goutte à goutte et en agitant de l'acide azotique *étendu*, jusqu'à réaction franchement acide, on filtre pour séparer les particules de charbon insolubles, enfin on traite la liqueur claire par l'azotate d'argent qui précipite la totalité du chlore, du brome ou de l'iode présents (à l'état d'hydracides) sous forme de combinaison haloïde insoluble : on recueille alors le précipité sur un petit filtre taré, on le lave avec soin, puis on sèche à l'étuve et on pèse à nouveau.

L'augmentation de poids du filtre donne le poids du précipité, d'où l'on déduit par le calcul celui du métalloïde qu'il renferme.

64. Procédé Carius. — On enferme la matière à analyser dans une petite ampoule en verre mince, tarée à l'avance, que l'on introduit à son tour dans un tube bouché en verre vert, à parois épaisses, avec une dizaine de grammes d'acide azotique fumant *pur* et un excès d'azotate d'argent.

On scelle alors le tube à la lampe, on agite violemment pour briser l'ampoule intérieure, puis on chauffe au bain d'huile à 150 degrés pendant deux ou trois heures; dans ces conditions, la matière organique est entièrement brûlée et les halogènes passent à l'état de combinaisons argentiques insolubles.

Après refroidissement, on ouvre le tube, on délaye son contenu dans l'eau et on jette le tout sur un filtre taré : l'augmentation de poids de celui-ci donne le poids du précipité qui s'est produit, plus le poids des débris de l'ampoule que l'on connait à l'avance ; on sait donc, comme précédemment, combien il s'est produit de chlorure, de bromure ou d'iodure d'argent et, par conséquent, combien la matière organique renfermait de chlore, de brome ou d'iode.

Remarque. — L'iodure d'argent qui se forme dans ces circonstances retient avec énergie un excès d'azotate qu'il est fort difficile d'enlever, même par de copieux lavages ; d'autre part, l'iodure d'argent est un peu soluble dans l'azotate du même métal : il en résulte que le procédé Carius est moins exact que le procédé à la chaux dans le cas particulier du dosage de l'iode.

Dosage du soufre.

65. — On dose le soufre dans les matières organiques en le transformant, par oxydation, en acide sulfurique, que l'on précipite par un sel soluble de baryum.

Le meilleur dispositif à employer ici est encore celui de Carius : on brûle la matière organique par l'acide azotique fumant, dans un tube scellé que l'on chauffe à 150 ou 200 degrés.

Quand l'opération est finie, on traite le contenu du tube, étendu d'eau, par un excès de chlorure de baryum, on porte le liquide à l'ébullition pour agglomérer le précipité de sulfate de baryum produit et on filtre. Le filtre, après lavage et dessiccation, est calciné dans une capsule de platine, dont l'augmentation de poids donne la quantité de sulfate de baryum produit.

De cette quantité, on déduit par le calcul celle du soufre que l'on cherchait.

Dosage du phosphore.

66. — Pour doser le phosphore, il faut le transformer, par oxydation, en acide phosphorique que l'on précipite ultérieurement par un réactif approprié. Pour cela, on fait encore usage du procédé Carius, c'est-à-dire que l'on décompose la matière organique par l'acide azotique fumant, à haute température, dans un tube scellé.

Le contenu du tube est alors étendu d'eau, puis additionné de sulfate de magnésium et d'ammoniaque en excès : tout l'acide phosphorique est précipité, à l'état de *phosphate ammoniaco-magnésien*

$$PO^4Mg(AzH^4) + 6H^2O.$$

Après vingt-quatre heures de repos, temps nécessaire pour que la précipitation soit complète, on filtre, on lave le précipité à l'eau ammoniacale, puis on sèche à l'étuve et l'on calcine dans une capsule de platine : il reste un résidu de *pyrophosphate de magnésium*

$P^2O^7Mg^2$ que l'on pèse et d'où l'on déduit la quantité de phosphore cherchée.

Recherche des métaux.

67. — A part quelques rares combinaisons telles que le *zinc-éthyle* $Zn(C^2H^5)^2$, les métaux ne se rencontrent guère, en chimie organique, qu'à l'état de sels ou de composés comparables aux sels *(alcoolates, phénates, etc.)*; on peut alors déterminer leur nature par les mêmes méthodes qui servent en chimie minérale. Si la présence de la matière organique offre un inconvénient quelconque, il est toujours possible de la détruire par une calcination préalable; on examine dans ce cas les cendres en leur appliquant les procédés connus.

Dosage de l'oxygène.

68. — Il est impossible, par aucune méthode simple, de doser directement la proportion d'oxygène que renferme une matière organique : on le détermine alors par différence, en retranchant du poids total la somme de tous les autres éléments dosés ; il en résulte que toutes les erreurs commises dans la détermination de ceux-ci se reportent sur l'oxygène, dont le dosage se trouve être, en conséquence, le moins exact de tous.

Détermination d'une matière organique.

69. — Lorsqu'on a fait l'analyse élémentaire complète d'une matière organique pure et bien définie, il est presque toujours possible d'en déterminer la formule; il suffit pour cela d'appliquer les règles que nous avons

fait connaître dans le *Cours de chimie organique.* Il ne reste plus alors qu'à rechercher ses fonctions chimiques et à l'identifier, s'il est possible, à quelque substance déjà connue.

S'il s'agit d'un hydrocarbure, ce que l'on reconnaît à ce que la somme des proportions centésimales du carbone et de l'hydrogène dosés est égale à 100, la formule brute donne immédiatement une première indication ; en effet, nous avons vu que la classification des hydrocarbures est essentiellement fondée sur le rapport qui existe entre le nombre des atomes de carbone et celui des atomes d'hydrogène ; on n'aura plus alors qu'à vérifier l'exactitude des conclusions qui résultent de ce seul examen en cherchant quel est le nombre d'atomes de brome qui peuvent s'unir par addition à une molécule de l'hydrocarbure étudié : on connaîtra ainsi sa valence et il sera possible de dire s'il appartient à la série aromatique ou à la série grasse.

S'il s'agit d'un corps ternaire oxygéné, on cherchera successivement s'il peut s'éthérifier au contact des acides ou s'il forme des sels avec les bases, ce qui définirait la fonction d'*alcool* et la fonction d'*acide*, s'il est capable, par hydrogénation, de se transformer en alcool, comme les *aldéhydes* et les *acétones*, enfin, s'il est saponifié comme les *éthers-sels*, par les alcalis caustiques. Une matière organique qui ne possède aucun de ces caractères a bien des chances pour être un *éther-oxyde*.

Enfin, s'il s'agit d'un corps azoté, on recherchera d'abord s'il donne les réactions caractéristiques des *alcaloïdes;* s'il ne les donne pas, quoiqu'il se combine facilement aux acides, on conclura à l'existence d'une fonction *amine.* Si, enfin, le corps est neutre et qu'il donne, par hydratation, un sel ammoniacal, c'est qu'on a affaire à un *amide* ou à un *nitrile;* les amides et les nitriles se distinguent, d'ailleurs, parce que ces derniers ne renferment ordinairement pas d'oxygène, tandis que les amides en contiennent toujours.

Cela fait, on détermine avec soin les constantes physiques du corps étudié, entre autres sa densité, son point de fusion, son point d'ébullition, son pouvoir rotatoire s'il est actif, et l'on recherche, dans les ouvrages, si ces données correspondent à une matière déjà connue, de même fonction et ayant même formule.

Caractères des principaux acides organiques.

70. — Pour trouver la nature d'un acide ou d'un sel organique, il n'est pas toujours nécessaire de procéder à son analyse complète; certains d'entre eux peuvent se reconnaître à quelques caractères spéciaux, qui sont parfois aussi nets que ceux des acides de la chimie minérale. Nous examinerons à ce point de vue particulier les principaux d'entre eux.

71. Acide formique. — L'acide formique, en solution étendue, n'est précipité par aucun réactif, mais il réduit à chaud l'azotate d'argent et l'azotate mercureux, avec précipitation d'argent ou de mercure métalliques, et donne, quand on le chauffe avec de l'acide sulfurique concentré, un dégagement d'oxyde de carbone pur, sans noircissement du liquide.

Les formiates métalliques possèdent exactement les mêmes caractères que l'acide formique libre et se reconnaissent de la même façon.

72. Acide acétique. — A l'état libre, l'acide acétique se reconnaît facilement à son odeur, qui ne pourrait le.6

laisser confondre qu'avec l'acide propionique; en outre, il donne, lorsqu'on le chauffe avec un peu d'alcool et d'acide sulfurique, de l'acétate d'éthyle, dont l'odeur est également très caractéristique.

Les acétates, en présence d'acide sulfurique, possèdent les mêmes caractères que l'acide acétique libre; ils ne réduisent ni l'azotate d'argent ni l'azotate mercureux, ce qui les distingue des formiates; enfin, ils donnent une coloration rouge foncé, due à la formation d'acétate ferrique, avec le perchlorure de fer.

73. Acides propionique, butyrique et valérianique. — L'acide propionique est assez difficile à distinguer sûrement de l'acide acétique; le meilleur moyen de différencier ces deux corps consiste à les transformer en sels d'argent, que l'on fait cristalliser et dans lesquels on dose ensuite le métal, par simple calcination dans un creuset de porcelaine: on voit alors à laquelle des deux formules correspond la quantité d'argent qui reste comme résidu.

Les acides butyrique et valérianique se reconnaissent à leur odeur particulière, ou, comme ci-dessus, par la composition de leurs sels d'argent.

Quant aux propionates, butyrates et valérianates métalliques, on peut les reconnaitre en les distillant avec un excès d'acide sulfurique étendu; on obtient ainsi les acides libres, que l'on examine comme il vient d'être dit.

74. Acides gras solides. — On les reconnait, lorsqu'ils sont purs, à leur point de fusion. A l'état de mélange, ils sont généralement très difficiles à caractériser, par suite de l'analogie de toutes leurs propriétés chimiques.

75. Acide oxalique. — On reconnait l'acide oxalique et ses sels au précipité blanc d'oxalate de calcium qu'ils donnent avec tous les sels de chaux solubles ; ce précipité est insoluble dans l'ammoniaque et l'acide acétique, soluble au contraire dans l'acide chlorhydrique et l'acide azotique.

L'acide oxalique et tous les oxalates se décomposent, sans noircir, quand on les chauffe avec un excès d'acide sulfurique, et dégagent ainsi un mélange à volumes égaux d'anhydride carbonique et d'oxyde de carbone.

76. Acide tartrique. — L'acide tartrique, en solution un peu concentrée, se reconnaît facilement au moyen de l'acétate de potassium, avec lequel il donne un précipité blanc, cristallin et peu soluble dans l'eau froide, de tartrate monopotassique. Les tartrates solubles, en présence d'acide acétique, donnent la même réaction.

Le chlorure de calcium donne avec les tartrates solubles un précipité blanc, cristallin, de tartrate calcique, qui, dans les dissolutions étendues, se forme lentement et à la suite d'une agitation prolongée. L'eau de chaux précipite de même l'acide tartrique et les tartrates alcalins dès la température ordinaire.

L'acide sulfurique, à chaud, carbonise l'acide tartrique et ses sels.

77. Acide citrique. — L'acide citrique et ses sels ne précipitent pas l'eau de chaux en excès, à froid, mais si l'on porte le mélange à l'ébullition il se forme un précipité blanc de citrate de calcium qui se redissout à peu près en totalité par le refroidissement. Cette réaction est caractéristique.

L'acide sulfurique décompose à chaud l'acide citrique et les citrates en les noircissant peu à peu.

Dosage de l'alcool.

78. — Il est souvent utile, dans le commerce des boissons alcooliques, de connaître la richesse de ces liquides en alcool pur : on peut en faire l'analyse par deux méthodes essentiellement distinctes, qui sont fondées, l'une sur la différence de densité de l'alcool et de l'eau, l'autre sur la différence de leurs points d'ébullition.

Nous allons les décrire successivement avec quelque détail.

79. Méthode de distillation. — Un mélange d'eau et d'alcool a nécessairement une densité inférieure à 1 et la valeur de cette densité, mesurée par exemple à l'aide d'un aréomètre, permet de connaître immédiatement la composition d'un pareil mélange lorsqu'il ne renferme que les deux liquides en question; mais toutes les liqueurs commerciales contiennent, en même temps que de l'eau et de l'alcool, une foule d'autres matières, minérales ou organiques, qui modifient leur densité et, par conséquent, s'opposent à l'emploi de l'aréomètre. Alors on distille, de manière à séparer toutes ces substances fixes et à recueillir la totalité de l'alcool contenu dans le mélange : cette fois, la densité de liquide ne sera plus fonction que de sa richesse en alcool, et l'alcoomètre de Gay-Lussac pourra servir à mesurer directement cette richesse, d'où l'on conclura à celle de la liqueur primitive.

On emploie en pratique, pour effectuer ce dosage, un petit alambic, connu sous le nom d'*appareil Salleron*, qui est formé par un simple ballon en verre, de 150 centimètres cubes de capacité, que l'on relie, par l'intermédiaire d'un raccord en caoutchouc, à un petit serpentin métallique, refroidi par un courant d'eau (fig. 39).

Le liquide qui distille est recueilli dans une éprouvette sur laquelle on a gravé deux traits, l'un vers le haut, l'autre à peu près au milieu.

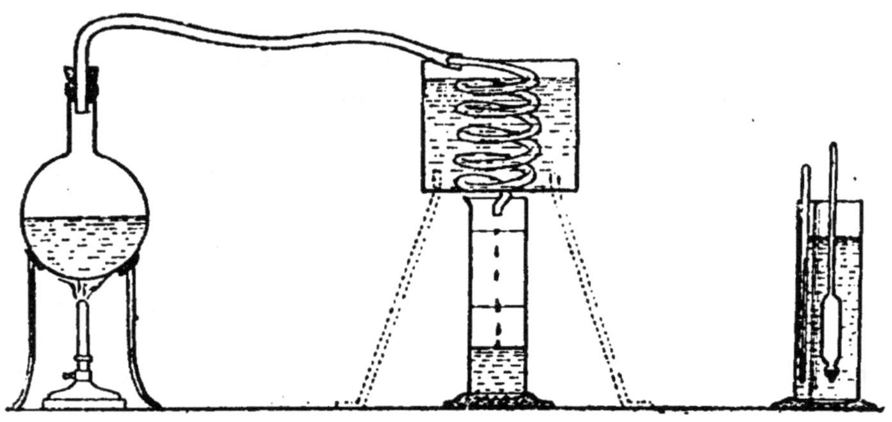

Fig. 39. — Appareil Salleron pour doser l'alcool.

Pour faire l'analyse d'un vin, par exemple, on en remplit l'éprouvette jusqu'au trait supérieur, puis on verse le liquide ainsi mesuré dans le ballon et on distille, en recueillant le liquide qui passe dans la même éprouvette. Lorsque le niveau du produit distillé atteint le trait inférieur, on peut être sûr que tout l'alcool du vin a passé; alors on arrête l'opération, on ajoute de l'eau jusqu'au trait supérieur, de manière à ramener le volume du liquide à sa valeur initiale, on agite et on mesure la richesse du mélange avec un alcoomètre centésimal, de très petites dimensions, qui est construit pour cet usage et est gradué seulement de 0 à 15.

Si la température du liquide est différente de 15 degrés, le nombre lu sur l'aréomètre doit être soumis à une correction qui se trouve inscrite, pour toutes les températures et pour toutes les richesses possibles, dans des tables spéciales.

Quand la richesse du liquide étudié dépasse les limites de graduation de l'alcoomètre, on l'abaisse au préalable, en étendant la liqueur avec une quantité connue d'eau pure.

80. Méthode des ébullioscopes. — On appelle *ébullioscopes* des appareils permettant de mesurer la tem-

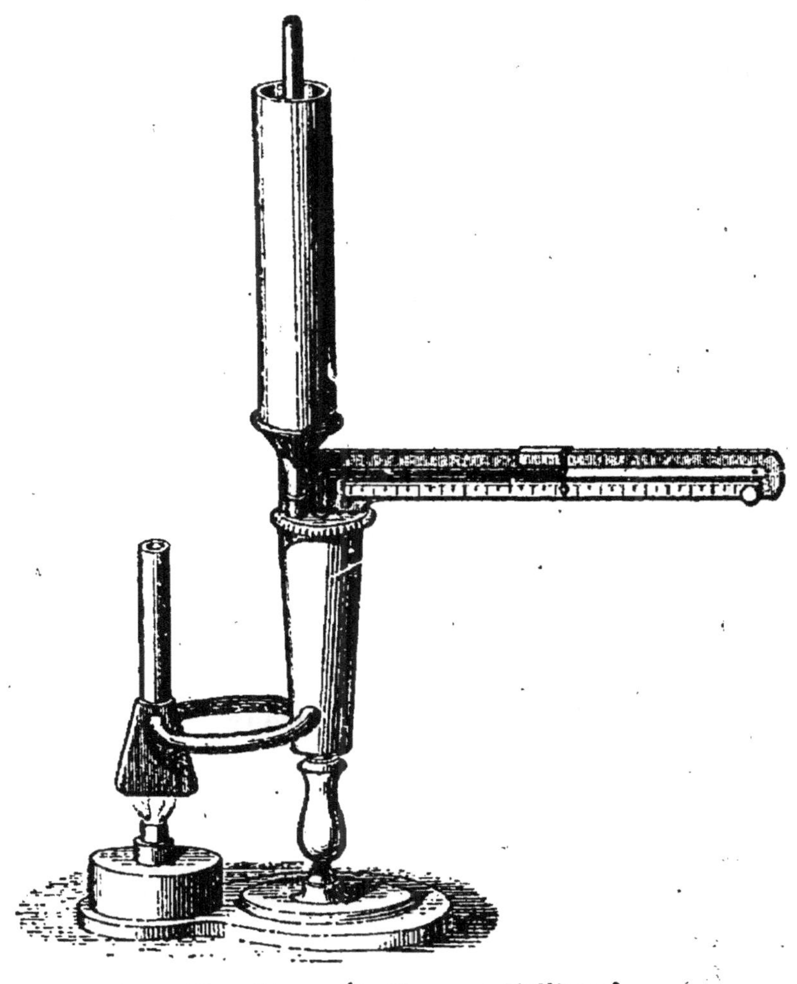

Fig. 40. — Ébullioscope Malligand.

pérature à laquelle bout, sous la pression atmosphérique, un liquide alcoolique quelconque. Cette température, toujours inférieure à 100 degrés, n'est que très peu influencée par la présence des corps solides dissous dans les boissons ordinaires et, par conséquent, peut servir de mesure à leur richesse en alcool.

L'ébullioscope de Malligand, qui est le plus employé, consiste en une petite chaudière métallique, surmontée d'un réfrigérant, dans laquelle plonge le réservoir d'un thermomètre sensible, à tige horizontale ; le long de cette tige est une échelle mobile, dont la graduation indique, en centièmes, la proportion d'alcool que renferme le liquide essayé (fig. 40).

Le point d'ébullition d'un corps volatil quelconque étant variable avec la pression extérieure, on commence par mettre dans la chaudière de l'eau pure ; on porte à l'ébullition et, quand le mercure du thermomètre est devenu stationnaire, on déplace l'échelle de manière à ce qu'elle marque 0 degré. Alors on remplace l'eau par le liquide alcoolique et on fait bouillir de nouveau jusqu'à ce que le thermomètre indique une nouvelle température fixe : le point d'affleurement du mercure sur l'échelle donne la richesse cherchée.

Comme dans le cas précédent il est nécessaire d'étendre la liqueur avec de l'eau, dans une proportion connue, quand sa richesse se trouve en dehors de la graduation de l'instrument.

Dosage du sucre et du glucose.

81. — Le dosage du sucre et du glucose, qui se rencontrent fréquemment dans les liquides de l'organisme végétal ou animal, s'effectue soit par liqueurs

titrées, soit au moyen d'un appareil spécial qu'on appelle *saccharimètre* ou *polarimètre*.

82. Dosage par liqueurs titrées. — La méthode est fondée sur ce que le glucose réduit à chaud les dissolutions alcalines de cuivre, en précipitant de l'oxyde cuivreux rouge Cu^2O.

La dissolution cuivrique en usage est le réactif de Fehling, que l'on prépare en ajoutant 40 grammes de sulfate de cuivre à une solution alcaline composée de 105 grammes d'acide tartrique, 130 grammes de soude et 80 grammes de potasse caustiques, et étendant d'eau de manière à avoir 1 litre de liqueur. Ce réactif est d'un beau bleu foncé et se décolore, en même temps qu'il dépose de l'oxyde cuivreux, lorsqu'on le fait bouillir avec une quantité de glucose suffisante pour réduire l'oxyde cuivrique qu'il renferme.

Avant de s'en servir il est nécessaire de le titrer : pour cela, on pèse exactement 1 gramme de sucre *pur*, que l'on introduit dans une petite fiole jaugée de 100 centimètres cubes, on le dissout dans un peu d'eau, on ajoute quelques gouttes d'acide chlorhydrique et on porte à l'ébullition pour transformer le saccharose en sucre interverti; on laisse alors refroidir, on sature le liquide par la potasse et on complète le volume de 100 centimètres cubes par addition d'eau distillée.

On a ainsi une liqueur titrée de sucre, qui équivaut à 1 gramme de saccharose ou à $\frac{180 \times 2}{342} = 1^{gr},0526$ de glucose.

Cela fait, on place dans une petite fiole à fond plat 10 centimètres cubes de liqueur de Fehling, avec environ autant d'eau, on fait bouillir et on verse goutte à goutte, à l'aide d'une burette, la liqueur titrée de sucre, jusqu'à ce que le liquide ait entièrement perdu sa coloration bleue primitive.

Le volume V de liqueur sucrée nécessaire pour obtenir cette décoloration totale représente le *titre* du réactif cuivrique.

On recommence alors exactement la même opération avec la solution de sucre à analyser; si l'on trouve cette fois un volume V', on en concluera que V de ladite solution renferme autant de sucre que V de liqueur titrée, c'est-à-dire une quantité connue, puisque chaque centimètre cube de celle-ci correspond à 1 centigramme de sucre. Une simple proportion permettra alors de calculer la richesse centésimale du liquide étudié.

Remarque. — Pour le dosage du glucose, qui réduit directement la liqueur de Fehling, il est inutile de faire chauffer la matière avec de l'acide chlorhydrique, qui d'ailleurs ne produirait pas d'effet : il est seulement indispensable, quand le sucre ou le glucose sont accompagnés d'autres substances capables aussi de réduire les sels cuivriques, de purifier d'abord la liqueur. Pour cela, on emploie le plus souvent une dissolution de sous-acétate plombique, qui précipite les impuretés sans toucher aux sucres; alors on filtre, dans le liquide filtré on ajoute un excès de bicarbonate de sodium pour séparer le plomb resté dissous, on filtre une dernière fois et l'on se sert de la liqueur ainsi obtenue pour effectuer le dosage comme précédemment. Il est clair que, pour obtenir des résultats exacts, on doit tenir compte des changements de volume que le liquide primitif a subis au cours de cette purification.

Il est facile de doser par cette méthode le glucose partout où il se trouve, par exemple dans les urines diabétiques, ainsi que le saccharose dans les betteraves ou dans les cannes à sucre.

On peut même doser ainsi les mêmes corps dans leurs mélanges : il suffit pour cela de faire deux opérations successives, l'une avec la liqueur primitive, ce qui donne la proportion de glucose préexistant, et l'autre avec la même liqueur intervertie par l'acide chlorhydrique; la différence entre les deux nombres trouvés fait connaître la quantité de glucose qui a pris naissance pendant l'interversion et par conséquent la quantité de saccharose correspondante.

83. Dosage au polarimètre. — L'action qu'un corps actif, dissous dans un liquide quelconque, exerce sur la lumière polarisée est proportionnelle à la richesse de la dissolution employée ; il suffit donc, en théorie, de la connaître pour avoir une mesure de cette richesse même.

En pratique, on emploie à cet effet des instruments particuliers dont les organes essentiels sont : 1° un *polariseur*, qui transforme la lumière ordinaire en un faisceau cylindrique polarisé; 2° un tube de 20 ou 22 centimètres de longueur, fermé aux deux bouts par des plaques de verre transparentes, dans lequel on introduit le liquide à examiner et que l'on place sur le trajet du rayon lumineux, enfin 3° un *analyseur*, sorte d'oculaire mobile, qui permet de déterminer exactement l'orientation du plan de polarisation de la lumière qui vient du polariseur, après avoir traversé le tube précédent.

La disposition de cet analyseur est variable; dans le saccharimètre à *pénombre* de Laurent, qui est aujourd'hui le plus en usage, il est formé d'un prisme en spath d'Islande et d'une petite lunette de Galilée, que l'on peut faire mouvoir à l'aide d'un bouton autour de leur axe ; une alidade mobile sur un cercle divisé donne alors la situation exacte de l'analyseur par rapport à la verticale, où se trouve le zéro de l'échelle. Celle-ci est graduée de manière à ce que la division 100 corresponde à l'effet produit par une lame de quartz de 1 millimètre d'épaisseur : c'est l'échelle *saccharimétrique*, spécialement destinée aux dosages du sucre ordinaire. A côté d'elle se trouve, dans la plupart des instruments, une autre graduation en degrés de cercle, c'est l'échelle *polarimétrique*, qui peut servir au dosage de tous les corps actifs.

L'appareil étant mis au zéro, on l'éclaire par une lampe *monochromatique* formée d'un simple bec de Bunsen dans lequel on met une petite cuiller en platine remplie de sel marin (1), puis on y place un tube rempli d'eau distillée ; on voit alors, à travers l'oculaire, un disque sombre, de teinte uniforme dans toute son étendue : c'est la preuve que l'instrument est bien réglé. Si maintenant on remplace l'eau du tube par une solution renfermant p grammes de matière active pour 100, on constate que le fond est devenu plus lumineux et que, pour le ramener à son état initial, il faut faire tourner l'oculaire d'un certain angle autour de son axe.

La valeur de cet angle, lu sur le cercle divisé, est proportionnelle à p et au pouvoir rotatoire $[\alpha]_D$ de la matière active. Celui-ci étant connu à l'avance, et mesuré pour une longueur de 10 centimètres, on a évidemment :

$$\alpha = 2[\alpha]_D \frac{p}{100}, \quad \text{d'où} \quad p = \frac{100\,\alpha}{2[\alpha]_D}.$$

(1) La lumière émise par une pareille lampe ne contient que les radiations correspondantes à la raie D du spectre solaire.

Le sens dans lequel il a fallu tourner l'alidade indique immédiatement si le corps que l'on étudie est dextrogyre ou lévogyre; enfin, s'il s'agit du sucre ordinaire, l'expérience ayant montré qu'une solution de sucre pur à 16gr,25 pour 100 centimètres cubes produit, sous l'épaisseur de 20 centimètres, le même effet que 1 millimètre de quartz, il suffit de peser 16gr,25 de sucre brut, de le dissoudre dans l'eau de manière à avoir 100 centimètres cubes de liquide et d'examiner celui-ci au polarimètre pour avoir immédiatement, sur l'échelle saccharimétrique, la richesse centésimale du sucre employé, sans qu'il soit nécessaire de faire aucun calcul.

La seule précaution à prendre est de n'employer jamais que des liqueurs absolument limpides et aussi peu colorées que possible; quand cette condition n'est pas remplie on ajoute au liquide un dixième de son volume de sous-acétate de plomb, qui précipite les matières colorantes, et on filtre. On examine alors la liqueur claire dans un tube de 22 centimètres de longueur, pour tenir compte de sa dilution.

Dosage de l'urée.

84. — Il est souvent utile de connaitre la proportion d'urée que renferme une urine normale ou pathologique; pour effectuer ce dosage, on se fonde sur ce que les hypobromites alcalins décomposent instantanément l'urée en dégageant à l'état libre tout l'azote qu'elle contient : on mesure alors le volume de cet azote et on en déduit par le calcul le poids d'urée qui lui correspond.

On se sert, pour appliquer cette méthode, de différents appareils : nous ne décrirons ici que celui du Dr Regnard, qui est le plus simple.

L'appareil de Regnard consiste en un tube à boules de forme particulière, dont l'une des extrémités est fermée par un bouchon en caoutchouc, que traverse une baguette de verre plein, et dont l'autre communique, par l'intermédiaire d'un tube de caoutchouc, avec une cloche divisée, formant gazomètre, qui plonge dans une éprouvette à pied remplie d'eau (fig. 41).

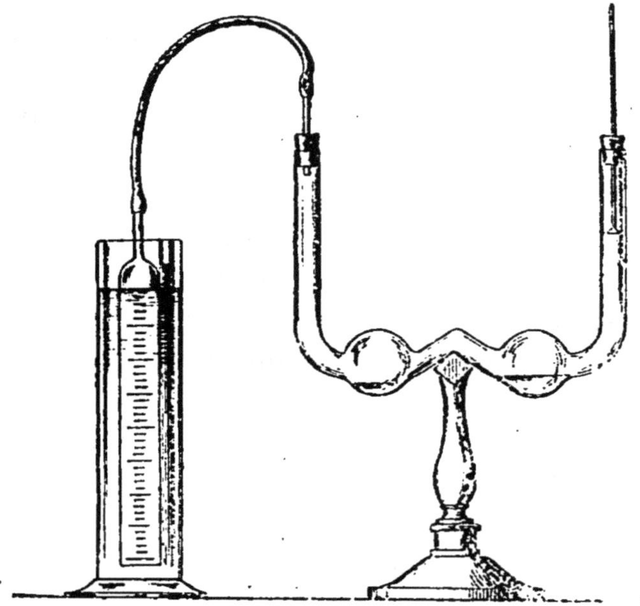

Fig. 41. — Uréomètre de Regnard.

On commence, l'appareil étant démonté, par amener l'eau dans l'éprouvette et dans la cloche au zéro de la graduation, puis on introduit dans l'une des boules du tube 10 centimètres cubes de l'urine à examiner et dans l'autre un égal volume d'hypobromite de sodium, préparé à l'avance en dissolvant 5 centimètres cubes de brome dans un mélange de 35 centimètres cubes de lessive de soude et 135 centimètres cubes d'eau distillée. On ajuste alors les bouchons, on soulève la baguette de verre jusqu'à ce que le niveau de l'eau, qui a été déprimé dans la cloche, soit revenu au zéro, puis on agite doucement le tube, de manière à mélanger les deux liquides qui s'y trouvent : immédiatement l'azote se dégage et refoule l'eau à l'intérieur de l'éprouvette. Aussitôt que la réaction est terminée on soulève la cloche jusqu'à ce que les niveaux de l'eau, à l'intérieur et à l'extérieur, soient situés dans le même plan horizontal et on lit le volume du gaz dégagé.

Ce volume, ramené par le calcul à 0 degré et 760 millimètres de pression, correspond à 2^{mg},91 d'urée par centimètre cube.

DEUXIÈME PARTIE

MANIPULATIONS CHIMIQUES

CHAPITRE PREMIER

GÉNÉRALITÉS. — CRISTALLISATION

85. Généralités. — Le matériel en usage dans les laboratoires, pour les manipulations ordinaires, est trop connu pour qu'il soit utile d'y insister ici et de le décrire en détail ; nous ferons remarquer seulement qu'un grand nombre des appareils qui figurent dans les cours et dans les traités de chimie peuvent être considérablement simplifiés en pratique : c'est ainsi que les flacons à deux ou trois tubulures qui servent à préparer les gaz ou à les dissoudre dans l'eau sont souvent remplacés, avec avantage, par de simples *cols droits*, que l'on munit d'un bouchon à deux ou trois trous; en place des tubes de sûreté, dits *à entonnoir*, on peut se servir de simples tubes droits dans lesquels on engage la pointe d'un petit entonnoir en verre que l'on souffle soi-même à la lampe, etc.

D'une manière générale il faut donner à chaque appareil la forme la plus simple qui soit compatible avec son bon fonctionnement et s'appliquer, de préférence, à faire des joints étanches, de manière à ce qu'il ne se produise pas de fuites à l'extérieur, au cours de la préparation.

Pour cela, les bouchons doivent être travaillés avec le plus grand soin ; on commence par les amollir en les roulant sur une table avec une lime plate un peu large, puis on les perce de part en part à l'aide d'une *queue de rat*, on les use extérieurement à la *râpe* de manière à ce qu'ils s'ajustent à frottement dur au col du flacon, enfin on y introduit les tubes en ayant bien soin de ne jamais les enfoncer avec la paume de la main.

Les tubes doivent être courbés de manière à ce qu'ils conservent partout la même section intérieure, et avant la mise en marche d'un appareil quelconque, il faut toujours s'assurer, en soufflant par l'une de ses extrémités, en même temps qu'on bouche l'autre avec le doigt, qu'il est capable de tenir les gaz sous pression.

Les ballons, capsules en porcelaine et autres ustensiles allant au feu ne devront jamais être directement chauffés sur la flamme du gaz, qui souvent détermine leur rupture ; on les fera toujours reposer sur une toile métallique qui, par sa grande conductibilité, répartit la chaleur uniformément sur une plus large surface. En outre de cette précaution, il convient de prévoir tous les accidents qui peuvent survenir pendant une expérience quelconque et s'arranger de manière à ce que l'on puisse éteindre le feu immédiatement dès qu'une réaction s'*emballe* ou se garantir des projections si un appareil renfermant un liquide corrosif vient à se briser.

Jamais on ne chauffera directement un vase en verre épais comme un flacon, un vase à précipiter ordinaire ou un cristallisoir, et s'il est nécessaire d'y mettre un liquide chaud, on n'introduira celui-ci que par petites portions à la fois, en agitant, pour éviter toute élévation trop brusque de la température.

De même on évitera de plonger dans l'eau froide un objet en verre qui vient d'être chauffé.

Dans les opérations analytiques on devra s'astreindre à ne se servir que de réactifs très purs et de vases rigoureusement propres; on s'habituera à faire les réactions qualitatives sur de très petites quantités de matière à la fois, enfin, dans l'analyse quantitative, on s'entourera de toutes les précautions nécessaires pour qu'il n'y ait aucune perte de substance pendant toute la durée de l'opération.

Si l'on a occasion d'employer des ustensiles en platine, on aura bien soin de ne jamais les mettre en contact avec des corps susceptibles d'attaquer ce métal, comme, par exemple, le phosphore ou les métaux en fusion. Lorsqu'on a besoin de calciner une matière quelconque qui agit sur le platine au rouge, comme les combinaisons haloïdes de l'argent, on se sert de capsules en porcelaine de Saxe, qui résistent admirablement à l'action de la chaleur.

Cristallisation.

86. Méthode par fusion. — Pour faire cristalliser un corps par cette méthode, on commence par le faire fondre (sans le surchauffer) dans une capsule de porcelaine ou dans un creuset, puis on laisse refroidir *lentement*, jusqu'à ce qu'il se soit formé, à la surface du liquide, une pellicule solide : alors, avec la pointe d'un couteau, on perce à travers cette pellicule deux petits trous opposés et on incline le vase de manière à ce que le liquide, non encore solidifié, s'écoule par l'un d'eux, en même temps que l'air rentre par l'autre. Quand il ne sort plus rien on enlève la croûte superficielle et on voit l'intérieur de la capsule ou du creuset tapissé de cristaux.

Cette méthode réussit admirablement bien pour le soufre, que l'on obtient ainsi en longues aiguilles prismatiques ; elle est également applicable, sans modification, à un grand nombre d'autres corps fusibles. Le bismuth, notamment, donne ainsi de magnifiques cristaux rhomboédriques, irisés par suite d'une oxydation superficielle ; les métaux alcalins eux-mêmes, et surtout leurs amalgames, peuvent cristalliser par voie de fusion, mais alors il est nécessaire d'opérer en vase clos, dans un tube de verre scellé à la lampe et rempli d'hydrogène, pour éviter l'oxydation du métal. On met les cristaux à nu en inclinant le tube, au moment convenable, de manière à faire écouler la partie restée liquide.

Quand on veut faire cristalliser de cette manière une substance qui reste facilement en surfusion, on doit de temps en temps projeter dans le liquide des parcelles du même corps solide, de façon à créer autant de centres autour desquels se grouperont les cristaux attendus.

87. Méthode par dissolution. — Cette méthode, applicable à tous les corps qui sont solubles dans un liquide quelconque, se pratique de deux manières différentes.

La première, qui est la plus rapide, consiste à laisser refroidir *lentement* une dissolution faite à chaud. Celle-ci doit contenir une quantité de matière supérieure à celle qui peut rester dissoute à froid, mais elle ne doit pas être saturée, parce qu'alors les cristaux se formeraient trop vite et resteraient toujours très petits. Un moyen simple de juger de l'état dans lequel se trouve une semblable dissolution consiste à en prélever, au bout d'une baguette, une goutte que l'on dépose sur une lame de verre ; l'abondance des cristaux qui se forment permet de prévoir approximativement ce que donnera la masse entière du liquide.

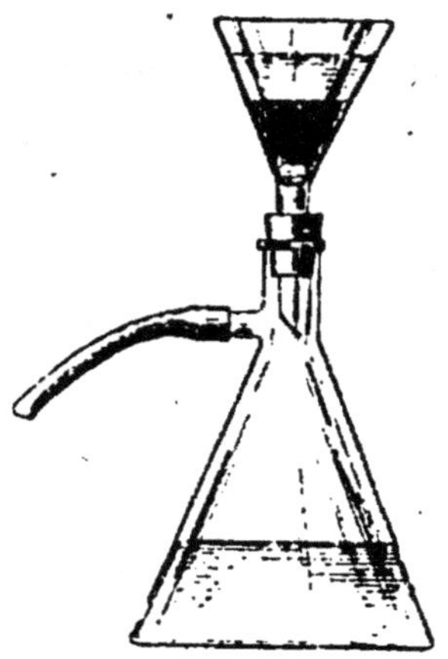

Fig. 42. — Appareil à essorer sous vide.

Lorsque la cristallisation a pour but de purifier la matière dissoute il faut, au contraire, s'efforcer d'avoir de petits cristaux : pour cela on part d'une solution saturée et on la refroidit artificiellement aussi vite que possible, en agitant toujours. La bouillie cristalline qui se dépose est alors séparée de l'eau-mère par décantation et égouttée sur du papier buvard, ou, mieux encore, dans un entonnoir dont la douille, munie d'un tampon de coton, communique avec un aspirateur (fig. 42).

La seconde manière consiste à laisser s'évaporer d'elle-même une dissolution saturée à froid : les cristaux qui se déposent sont mieux formés parce qu'ils se produisent plus lentement, et, si l'on prend soin de les retourner régulièrement au fond de leur eau-mère, on peut en obtenir ainsi de géométriquement parfaits.

Quand le dissolvant est très volatil il est bon de placer la liqueur dans un endroit frais et de l'enfermer dans un vase à ouverture étroite, de façon à retarder son évaporation ; une dissolution de soufre dans le sulfure de carbone, abandonnée à elle-même dans une fiole à fond plat, donne ainsi de beaux cristaux volumineux et transparents de soufre octaédrique.

Parfois il est avantageux de plonger dans le liquide des fils ou de minces baguettes de bois pour servir de support aux cristaux ; enfin il est indispensable d'éviter la sursaturation des liqueurs en maintenant toujours au fond du vase un petit excès de matière solide. Cette précaution est surtout nécessaire quand on veut faire cristalliser une substance qui, comme les sucres, donnent des dissolutions sirupeuses.

On peut faire ainsi cristalliser tous les sels qui sont solubles dans l'eau et un très grand nombre de matières organiques, dissoutes dans l'alcool, l'éther, le benzène, le sulfure de carbone, etc.

88. Méthode par sublimation. — Cette méthode, d'un usage beaucoup plus restreint que les deux précédentes, n'est applicable qu'aux corps dont la tension de vapeur, à l'état solide, est relativement considérable. Le plus souvent, pour la mettre en pratique, on se contente de placer la matière dans une fiole que l'on chauffe seulement par le fond, à une température telle que la volatilisation reste toujours lente : les cristaux se déposent contre les parois supérieures de la fiole, qui doivent ne s'échauffer que très peu.

Quelquefois on chauffe la substance dans un têt en terre, au-dessus duquel on dispose un cône en carton : les vapeurs vont alors se sublimer le long des parois de ce cône. Enfin on facilite la sublimation des corps peu volatils ou facilement décomposables par la chaleur en opérant dans le vide.

Parmi les matières qui se laissent sublimer le plus facilement, nous citerons l'iode, l'arsenic, le sel ammoniac, le naphtalène, l'acide benzoïque, le camphre, la quinone, l'alizarine, etc.

La sublimation est un excellent moyen de purifier les corps solides volatils.

89. Méthodes chimiques. — La plupart des réactions chimiques lentes dans lesquelles il se forme un corps solide donnent naissance à des cristaux : il est impossible de formuler à cet égard aucune règle pratique, nous en citerons seulement un certain nombre d'exemples, choisis parmi les plus nets.

1° *Cristallisation du plomb. Arbre de Saturne.* — On remplit un bocal d'une dissolution d'acétate de plomb, à demi saturée et légèrement acidulée d'acide acétique, puis on suspend au bouchon qui ferme le bocal, de manière à ce qu'il plonge à peu près entièrement dans le liquide, un lingot de zinc auquel on a attaché des fils de cuivre, descendant jusqu'au fond.

Au bout de quelques jours, par suite de l'action électrique qui se développe entre les deux métaux zinc-cuivre, ces fils sont entièrement recouverts de lamelles cristallines et brillantes, qui sont formées de plomb pur.

2° *Cristallisation de l'étain. Arbre de Jupiter.* — Dans une éprouvette à pied, on verse jusqu'à mi-hauteur une solution concentrée de chlorure stanneux, puis on ajoute, *lentement et sans agiter*, de l'acide chlorhydrique étendu, de manière à remplir l'éprouvette jusqu'à quelques centimètres du haut. Dans ce liquide, formé ainsi de deux couches superposées, on plonge une baguette d'étain pur ; après quelques heures, on voit apparaître sur celle-ci, vers le plan de séparation des deux liquides, de petites aiguilles cristallines, blanches et brillantes, qui sont de l'étain cristallisé.

C'est encore une action électrique qui est ici la cause déterminante de la cristallisation ; on arrive d'ailleurs au même résultat en électrolysant une solution de chlorure stanneux.

3° *Cristallisation de l'amalgame d'argent. Arbre de Diane.* — Dans un flacon rempli d'une solution d'azotate d'argent, on verse une petite quantité de mercure : l'argent déplacé par le mercure se dépose alors à la surface de ce dernier et y forme un amas d'aiguilles cristallines, renfermant à la fois du mercure et de l'argent. La moindre agitation fait tomber ces aiguilles dans le mercure, qui les dissout immédiatement.

Enfin, comme autres exemples de cristallisations dues à des actions chimiques ou électriques, nous rappellerons les dépôts d'alun de chrome ou de chlorure zinco-ammonique qui s'observent dans les piles à bichromate ou à bioxyde de manganèse, la texture cristalline du cuivre galvanique, la formation de soufre octaédrique dans la décomposition spontanée du persulfure d'hydrogène, celle de beaux cristaux d'iode dans les vieilles dissolutions d'acide iodhydrique, etc.

CHAPITRE II

MÉTALLOÏDES

Hydrogène.

90. Préparation par le zinc et l'acide sulfurique. — L'opération s'effectue dans un flacon à deux tubulures ou mieux dans un col droit, muni d'un bouchon à deux trous : l'ouverture du vase étant alors plus grande, il est plus facile d'y introduire la grenaille de zinc nécessaire (fig. 43).

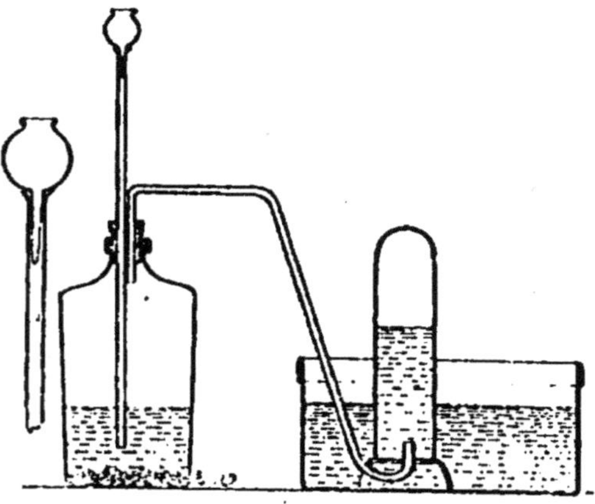

Fig. 43. — Préparation de l'hydrogène par le zinc.

Le flacon doit être à moitié rempli d'eau pure ; on n'y introduit l'acide que par petites quantités à la fois, de manière à n'avoir pas de dégagement trop brusque. Si l'appareil est de grande dimension, et surtout s'il doit fonctionner longtemps, on le plongera dans une terrine d'eau pour le rafraîchir.

L'acide chlorhydrique peut remplacer l'acide sulfurique dans la préparation de l'hydrogène, mais il serait impossible de faire usage d'acide azotique, qui est immédiatement réduit par ce gaz, à l'état naissant ; il suffit même de verser un peu d'acide azotique dans un appareil à hydrogène en activité pour voir immédiatement le dégagement gazeux s'arrêter.

L'expérience est intéressante à faire, et on pourra constater, par addition au liquide d'un excès de potasse, qu'il se forme ainsi de l'ammoniaque.

L'hydrogène se dessèche au moyen d'un flacon laveur à acide sulfurique concentré ou d'une éprouvette à chlorure de calcium anhydre ; si l'on tient à avoir un gaz pur, on le fait passer d'abord dans un ou deux laveurs à permanganate de potassium.

Avant d'employer l'hydrogène à aucun usage, il est essentiel de s'assurer que tout l'air que renfermait l'appareil au début a bien été déplacé ; pour cela, il suffit de recueillir un petit échantillon du gaz qui se dégage, dans un tube à essai, et de l'allumer : s'il se produit une explosion, se propageant dans toute la longueur du tube, c'est que l'hydrogène renferme encore de l'air ; il y aurait danger à s'en servir sous cette forme. On laissera alors se perdre une nouvelle quantité de gaz, jusqu'à ce que la combustion, dans le tube à essai, se fasse tranquillement et progressivement.

En règle générale, il faut laisser s'échapper un volume de gaz égal à cinq ou six fois la capacité intérieure de l'appareil pour avoir un produit suffisamment pur.

91. Préparation par le fer et la vapeur d'eau. — L'appareil se compose d'un *fourneau à tube* ou d'une grille à gaz, dans lequel on dispose un tube en porcelaine *vernissée* rempli de petits clous ou fils de de fer tordus en faisceau. A l'une des extrémités de ce tube on adapte le col d'une cornue en verre, à moitié pleine d'eau et munie ou non d'un tube de sûreté ; à l'autre, on met un tube à dégagement, conduisant le gaz sur la cuve à eau (fig. 44).

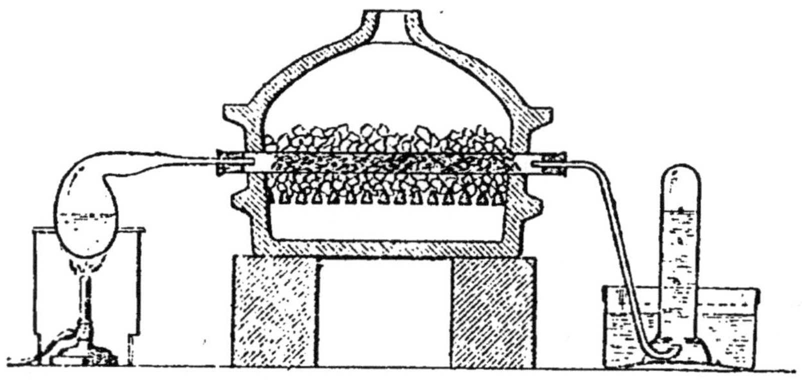

Fig. 44. — Préparation de l'hydrogène par le fer et la vapeur d'eau.

Il est inutile de chauffer la cornue avant que le tube de porcelaine ne soit rouge.

Quand la cornue ne porte pas de tube de sûreté, il est indispensable d'enlever le tube abducteur, ou au moins le cristallisoir dans lequel il plonge, avant de laisser refroidir l'appareil. Autrement, il se produirait une *absorption*, et l'eau froide arrivant dans le tube en porcelaine encore chaud en déterminerait infailliblement la rupture.

92. Gaz de l'eau. — Si l'on remplace le fer par du charbon de bois, on obtient encore un gaz combustible qui renferme à la fois de l'hydrogène, de l'oxyde de carbone et de l'anhydride carbonique ; l'analyse d'un pareil gaz peut se faire par absorption, au moyen de la potasse, qui dissout l'acide carbonique, et du chlorure cuivreux ammoniacal, qui s'empare de l'oxyde de carbone et laisse l'hydrogène.

93. Lampe philosophique. — On enflamme l'hydrogène au bout d'un tube de verre effilé, disposé verticalement : la flamme se colore en jaune au contact du verre, qui renferme du sodium. En l'entourant d'un tube large, on entend se produire un son qui est l'*harmonica chimique* (fig. 45).

Fig. 45. — Harmonica chimique.

Si l'on verse dans un flacon à hydrogène un peu de benzine ou d'essence de pétrole, le gaz qui se dégage brûle avec une flamme éclairante et peut alors servir à alimenter une lampe à gaz ordinaire.

On peut allumer une lampe philosophique en présentant au jet d'hydrogène un fragment de mousse de platine récemment calcinée.

94. Réduction des oxydes métalliques. — Tous les oxydes de métaux lourds, à partir du fer, sont réduits par l'hydrogène, au rouge ; pour faire l'expérience, on dirige un courant d'hydrogène sec dans un tube ou une ampoule en verre vert, où se trouve l'oxyde à réduire, et que l'on chauffe au rouge sombre sur une petite grille ou à l'aide d'une simple lampe à gaz (fig. 46).

Dans le cas du peroxyde de fer, on obtient ainsi de l'oxyde ferreux ou du fer pur, qui sont l'un et l'autre pyrophoriques ; il est bon, si l'on désire avoir un produit très combustible, de ne chauffer que très peu ; au lieu d'une grille on emploie alors une simple lampe à

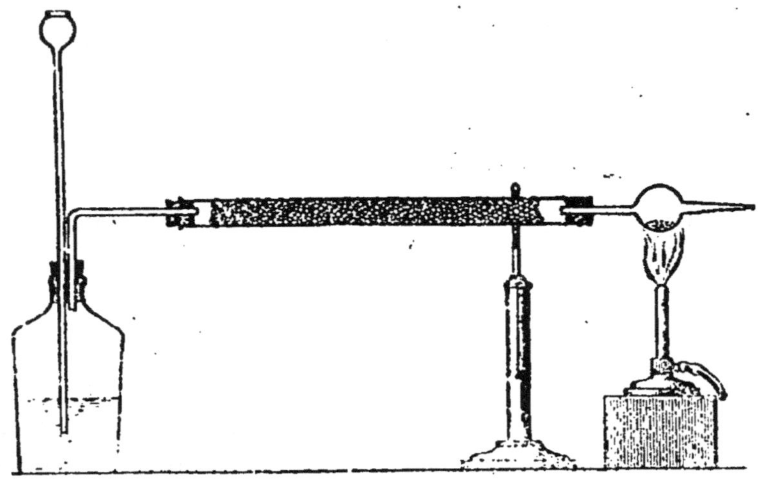

Fig. 46. — Réduction des oxydes par l'hydrogène.

alcool ou un brûleur à gaz ordinaire, que l'on tient à la main.

Le bioxyde de baryum est réduit par l'hydrogène avec incandescence et production d'une belle flamme verte : il reste dans le tube de l'hydrate de baryum qui fond et généralement en détermine la rupture ; on retarde celle-ci en doublant l'intérieur du tube avec une lame mince de mica transparent.

On remarquera, dans toutes ces expériences, la production de vapeur d'eau résultant de l'union de l'hydrogène libre avec l'oxygène de l'oxyde employé ; on pourra même, en faisant passer cette vapeur dans un tube refroidi extérieurement, obtenir de cette manière une certaine quantité d'eau synthétique.

95. **Réduction des chlorures.** — Les chlorures de métaux lourds sont réductibles par l'hydrogène, dans les

mêmes conditions que leurs oxydes : il y a alors dégagement d'acide chlorhydrique, que l'on reconnaîtra à ses fumées blanches, devenant plus épaisses en présence d'ammoniaque, ou encore au précipité blanc qu'il donne lorsqu'on en approche une baguette de verre trempée dans l'azotate d'argent.

Le cuivre que l'on obtient ainsi par réduction de son chlorure se dépose sur les parois du verre en formant une sorte de tube à parois minces.

Le chlorure d'argent peut même être réduit à froid par l'hydrogène naissant. On le montre en mettant sur le chlorure d'argent un fragment de zinc et un peu d'eau acidulée ; au bout de quelques minutes, il ne reste plus au fond du liquide qu'une poudre noirâtre d'argent très divisé.

96. Réduction des sulfures. — Certains sulfures peuvent enfin être ramenés à l'état métallique par l'hydrogène, au rouge ; c'est le cas du sulfure d'antimoine Sb^2S^3 : il y a dans ce cas dégagement d'acide sulfhydrique, que l'on peut reconnaitre à son odeur ou à son action sur les sels de plomb, et dont on se débarrassera sans peine en adaptant à l'extrémité libre du tube à réduction un tube de plus petit diamètre, coudé et plongeant dans une solution de potasse : on obtiendra alors en même temps du sulfure de potassium.

97. Utilisation des résidus. — Lorsque la préparation est terminée, il reste dans le flacon producteur d'hydrogène une dissolution de sulfate ou de chlorure de zinc, surnageant un excès de métal.

Pour utiliser ces résidus, on décante le liquide et on l'évapore dans une capsule de porcelaine : le sulfate de zinc, qui cristallise très aisément, se séparera de lui-même par refroidissement de sa dissolution concentrée; le chlorure de zinc, qui ne cristallise qu'avec une extrême difficulté, sera évaporé jusqu'à sec, puis fondu et enfin coulé sur une plaque de tôle. On l'enfermera aussitôt dans un flacon bien sec et hermétiquement bouché, pour qu'il n'attire pas l'humidité de l'air.

Si l'on attaque le métal restant dans le flacon par un excès d'acide, jusqu'à ce qu'il ne se dégage plus de gaz, on obtient un résidu pulvérulent, noir, que l'on peut séparer par décantation : c'est du plomb, ainsi qu'on peut s'en assurer en le faisant fondre et en le martelant sur une petite enclume.

Oxygène.

98. **Préparation par le chlorate de potassium.** — Pour avoir de petites quantités d'oxygène *très pur*, on chauffe quelques grammes de chlorate de potassium sec avec une lampe à main dans un tube en verre vert, légèrement incliné et muni d'un tube abducteur : il faut chauffer d'abord très doucement, pour déterminer la fusion du sel, puis élever peu à peu la température, en ayant bien soin qu'il ne se forme pas de croûte solide à la surface de la matière fondue et en se plaçant de manière à ne pas être atteint par les projections en cas de rupture du tube. A la fin de l'expérience, on enlèvera le tube abducteur ou on le sortira de l'eau alors qu'il se dégage encore du gaz, pour éviter les absorptions.

Si l'on a pesé à l'avance le chlorate et qu'on chauffe jusqu'à décomposition complète de ce sel, il sera possible, en pesant à nouveau le résidu, de déduire de cette expérience le rapport des poids atomiques de l'oxygène et du chlore.

Lorsqu'on veut avoir un grand volume d'oxygène, on ajoute au chlorate la moitié ou au moins le tiers de son poids de bioxyde ou d'oxyde brun de manganèse et on chauffe le mélange dans un ballon de verre ou mieux dans une cornue en fonte spécialement affectée à cet usage (fig. 47). Il est nécessaire, si l'on veut avoir un gaz à peu près pur, de le laver dans une solution de potasse : il entraîne, en effet, toujours de petites quantités de chlore.

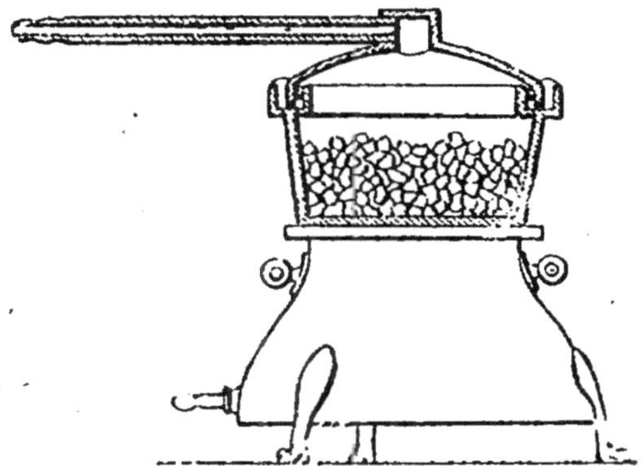

Fig. 47. — Cornue à oxygène en fonte.

Remarque essentielle. — Il est de la plus haute importance de s'assurer, au préalable, de la véritable nature de la matière qu'on ajoute au chlorate de potassium : ce sel donne, en effet, des mélanges violemment explosifs avec un grand nombre d'autres corps, entre autres le sulfure d'antimoine et le charbon, que l'on pourrait confondre, par leur aspect, avec le bioxyde de manganèse.

99. Utilisation des résidus. — Le résidu de cette préparation est un mélange de chlorure de potassium et de bioxyde de manganèse inaltéré : on les séparera par l'eau, qui dissout le chlorure et laisse le bioxyde.

Celui-ci pourra, après avoir été desséché, resservir encore à la préparation de l'oxygène; quant au chlorure de potassium, on le fera cristalliser par évaporation du liquide filtré.

La calcination du chlorate de potassium constitue un excellent moyen d'avoir le chlorure de potassium pur.

100. Préparation par le bioxyde de manganèse. — On calcine la pyrolusite ordinaire dans une cornue en grès, chauffée au rouge dans un fourneau à réverbère (fig. 48). Le gaz qui se dégage contient toujours un

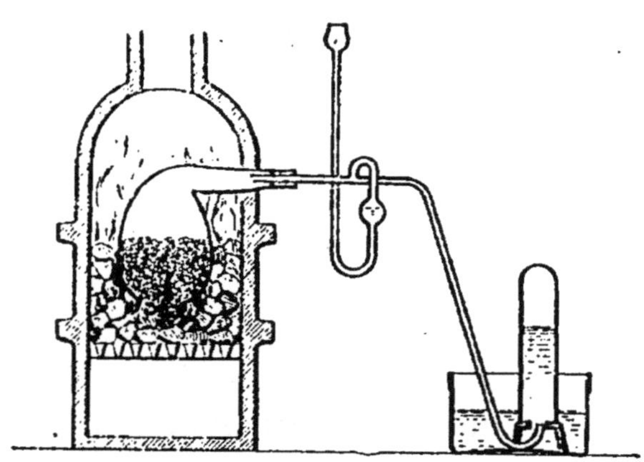

Fig. 48. — Préparation de l'oxygène par le bioxyde de manganèse.

peu d'azote et d'acide carbonique : pour enlever celui-ci on pourra mettre à la suite de la cornue un petit laveur à potasse.

Le résidu est de l'oxyde brun (*oxyde salin*) de manganèse Mn^3O^4.

Dans cette préparation, ainsi que dans la précédente, il faut avoir soin de démonter l'appareil avant de le laisser refroidir, pour qu'il ne se produise pas d'absorption.

101. Combustions dans l'oxygène. — Le gaz étant recueilli dans des cols droits de 2 litres, on y fera brûler du charbon (charbon de bois ou charbon de cornue), du soufre, du phosphore ou un ressort de montre. Le soufre et le phosphore doivent être placés dans un *têt* à combustion bien sec, que l'on soutient au centre du flacon par un petit support en fil de fer; le ressort de montre doit avoir été détrempé et enroulé en hélice; on l'allume avec un morceau d'amadou que l'on attache à son extrémité libre et, pour que les gouttelettes de métal fondu ne brisent pas le fond du flacon en tombant, on verse dans celui-ci, au commencement de l'expérience, une couche d'eau de 3 à 4 centimètres d'épaisseur (fig. 49).

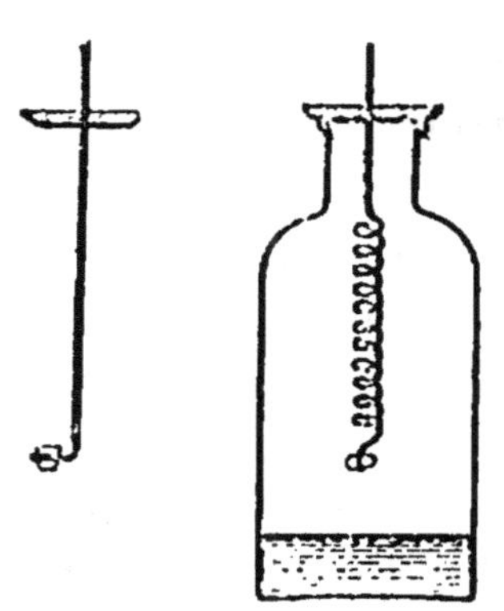

Fig. 49. — Combustions dans l'oxygène.

On s'assurera que la combustion des métalloïdes produit des acides au moyen de la teinture de tournesol, qui rougit à leur contact.

Si l'on peut recueillir l'oxygène dans un gazomètre ou un sac en caoutchouc, on s'en servira pour alimenter un chalumeau oxhydrique et on constatera la haute température de la flamme en fondant l'extrémité d'un fil de platine ou en y faisant brûler un fil de fer ou d'acier.

102. Gaz tonnant. — On introduit dans un flacon à uverture étroite, de 250 centimètres cubes de volume environ, un mélange d'oxygène et d'hydrogène, dans les proportions de 1 volume du premier pour 2 volumes du second, puis on l'entoure d'un linge mouillé, pour se garantir des éclats de verre en cas de rupture et on présente le col du flacon à la flamme d'un bec de gaz ; il se produit une forte explosion, qui est due au développement brusque d'une pression considérable, suivie immédiatement d'un vide, produit par la condensation de la vapeur d'eau.

Un pareil mélange, placé dans une éprouvette, détone quand on y introduit un fragment de mousse de platine, fixé à l'extrémité d'un fil de fer.

Enfin il est facile, à l'aide d'un petit sac en caoutchouc rempli de gaz tonnant, d'en gonfler des bulles de savon qui prennent feu dans l'air, à l'approche d'une flamme, en produisant encore une violente explosion.

Le mélange tonnant peut se préparer plus simplement encore, en recueillant dans une même cloche les gaz qui se dégagent dans un voltamètre ordinaire. Il est alors remarquablement pur et peut servir à faciliter les combustions eudiométriques (§ 4).

Acide fluorhydrique.

103. Gravure sur verre. — On applique sur une lame de verre une couche mince de *vernis des graveurs* ou, à son défaut, de cire jaune ordinaire, puis on dessine à l'aide d'une pointe le contour à graver et l'on expose la plaque aux vapeurs qui se dégagent d'un mélange d'acide sulfurique concentré et de fluorine en poudre (ce mélange doit être placé dans une cuvette en plomb ou dans une capsule de platine).

Après 2 heures environ, on enlève le vernis avec de l'essence de térébenthine : la gravure apparait alors en traits opaques sur fond transparent. On peut la rendre plus visible en frottant la lame avec une pâte colorée par de l'ocre ou du noir de fumée, qui se fixent au fond des traits.

On peut aussi graver le verre au moyen de l'acide fluorhydrique liquide, appliqué au pinceau, mais alors les traits restent transparents et par suite peu visibles.

On évitera, toutes les fois qu'on aura occasion de se servir d'acide fluorhydrique, de s'en répandre sur les mains et même de respirer les vapeurs qu'il dégage : c'est, en effet, un corrosif des plus puissants et des plus dangereux, qu'il vaut mieux prendre tout fait dans le commerce plutôt que de le préparer soi-même.

Chlore.

104. Préparation. — On prépare toujours le chlore par le procédé de Scheele, en décomposant l'acide chlorhydrique par le bioxyde de manganèse, à chaud :

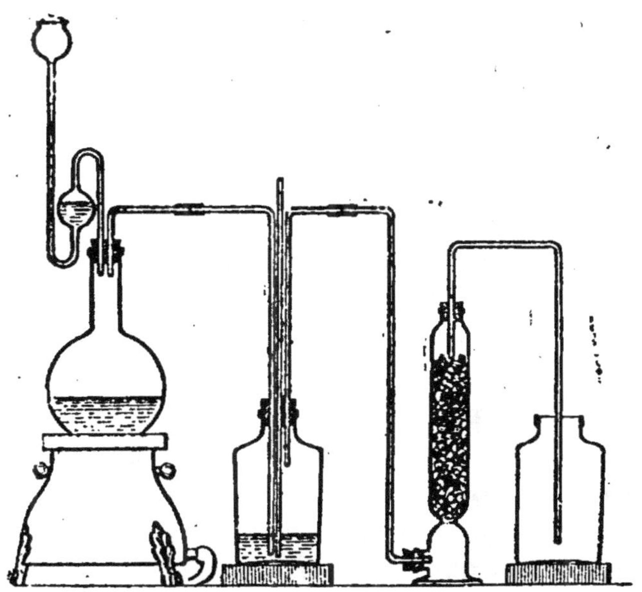

Fig. 50. — Préparation du chlore.

l'expérience se fait dans un simple ballon de verre, muni d'un tube abducteur et d'un tube de sûreté.

Le bioxyde de manganèse en grains, de la grosseur d'un petit pois, doit être préféré au bioxyde en poudre, dont l'attaque est trop vive. Pour ne pas casser le ballon en y introduisant ces grains denses, on y place d'abord l'acide chlorhydrique, et on incline le col pour ralentir autant que possible leur vitesse de chute.

Le chlore qui se dégage entraîne toujours un peu d'acide chlorhydrique; on le purifie en le faisant passer dans un flacon laveur contenant de l'eau pure et on le dessèche, au besoin, avec de l'acide sulfurique concentré ou du chlorure de calcium.

On recueille le gaz par déplacement, dans des flacons pleins d'air, ou sur la cuve à eau salée, dans laquelle le chlore est assez peu soluble (fig. 50).

Les appareils à chlore doivent être montés avec le plus grand soin, de manière à ce que le gaz ne se répande pas dans l'atmosphère, qu'il rendrait bientôt irrespirable.

105. Utilisation des résidus. — Le résidu de la préparation du chlore est un mélange de chlorure de manganèse et de chlorure ferrique (provenant de l'attaque du peroxyde de fer que renferme toujours la pyrolusite); il peut servir avec avantage à la préparation des sels de manganèse purs. Pour cela, on fait bouillir le liquide jusqu'à ce qu'il ne dégage plus de chlore libre, puis on l'étend d'eau, on filtre, on neutralise *exactement* avec de l'ammoniaque, puis on ajoute du sulfhydrate d'ammoniaque, par très petites quantités à la fois, jusqu'à ce que le précipité qui se forme, noir au début, soit franchement jaune rosé; pour être sûr d'avoir atteint ce point, on filtre un peu du mélange, après chaque addition de réactif, et on essaie le liquide clair.

Lorsque tout le fer a été précipité, à l'état de sulfure, on filtre la totalité du liquide et on y ajoute un excès de sulfhydrate : le manganèse se sépare à son tour, à l'état de sulfure insoluble ; on filtre, on lave avec soin à l'eau distillée, on redissout dans l'acide chlorhydrique étendu, on fait de nouveau bouillir pour chasser l'acide sulfhydrique produit, on filtre s'il est nécessaire et enfin on précipite une dernière fois par le carbonate d'ammoniaque pur : on obtient ainsi du carbonate de manganèse pur, qu'il suffira de traiter par un acide quelconque pour avoir le sel manganeux correspondant.

106. Combustions dans le chlore. — On peut faire brûler dans le chlore du phosphore, de l'antimoine en poudre ou un fil de cuivre enroulé en hélice. Le phosphore doit être placé dans un têt à combustion et on remarquera qu'il prend feu spontanément dans le chlore, sans qu'il soit nécessaire de le chauffer à l'avance.

La poudre d'antimoine s'enflamme également d'elle-même ; le cuivre seul doit être préalablement chauffé dans la flamme d'un bec de Bunsen : il se transforme en chlorure cuivreux fusible, dont les gouttelettes briseraient infailliblement le flacon si l'on n'avait soin d'y verser d'abord une petite quantité d'eau.

107. Combinaison de l'hydrogène avec le chlore sous l'influence de la lumière. — Dans un petit flacon en verre à large ouverture, de 150 centimètres cubes de capacité, on introduit un mélange à volumes égaux d'hydrogène et de chlore *purs* et on ferme avec un bouchon qui ne doit pas être trop serré.

D'autre part, on verse une dizaine de grammes de sulfure de carbone dans un col droit de 2 litres plein de bioxyde d'azote, on agite, on place à côté du flacon précédent et on allume le mélange : immédiatement le bouchon saute et on voit se répandre de légères fumées d'acide chlorhydrique.

108. Décomposition de l'eau par le chlore. — L'appareil est le même que celui que nous avons déjà employé pour la préparation de l'hydrogène par le fer et la vapeur d'eau ; seulement on met de la pierre ponce au lieu de clous dans le tube en porcelaine et on envoie un courant continu de chlore dans la cornue qui, en conséquence, doit être tubulée.

Le gaz qui se dégage est un mélange de vapeur d'eau et de chlore en excès, avec de l'acide chlorhydrique et de l'oxygène; après lavage dans une solution de potasse, il est formé d'oxygène pur, avec lequel on peut répéter toutes les expériences que nous avons décrites plus haut.

109. Préparation de l'eau de chlore. — On envoie un

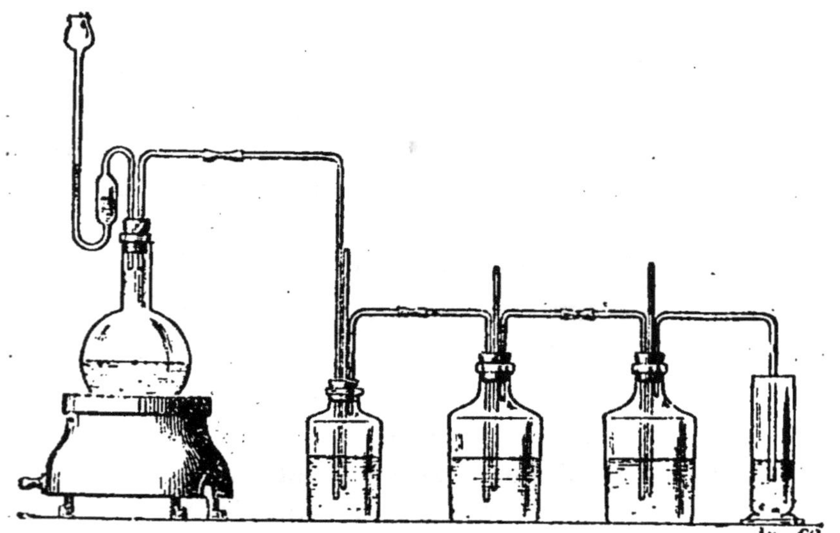

Fig. 51. — Appareil de Woolf.

courant de chlore dans une série de flacons laveurs

remplis aux trois quarts d'eau (appareil de Woolf), sauf le dernier, dans lequel on met une dissolution de potasse, pour retenir le chlore en excès et l'empêcher de se répandre dans l'atmosphère (fig. 51). On obtient ainsi de l'eau de Javel en même temps que de l'eau de chlore.

L'eau de chlore saturée doit être franchement jaune; on la conservera dans des bouteilles en verre vert foncé, bouchant à l'émeri, pour éviter l'action décomposante de la lumière.

Avec ce liquide on pourra vérifier les propriétés décolorantes et oxydantes du chlore humide, en le faisant agir, par exemple, sur la teinture d'indigo, l'encre ou une solution d'acide sulfureux.

110. Préparation de l'hydrate de chlore. Liquéfaction du chlore. — En agitant une bouillie claire d'oxyde de mercure avec du chlore, dans un grand flacon de 5 ou 6 litres, on prépare d'abord une solution d'acide hypochloreux ClOH. Cette solution, filtrée, est alors refroidie par de la glace au voisinage de 0° et additionnée peu à peu d'acide chlorhydrique, également refroidi : l'hydrate de chlore se précipite immédiatement sous la forme d'une masse cristalline jaunâtre.

On essore *rapidement* cette masse, d'abord dans un linge, puis sur du papier buvard, en évitant toute élévation de température, et on l'introduit dans un tube en verre vert, à parois épaisses, que l'on scelle immédiatement à la lampe.

En chauffant légèrement ce tube, on voit se former des gouttelettes de chlore liquide qui, par refroidissement, redonne une nouvelle cristallisation d'hydrate de chlore.

Acide chlorhydrique.

111. Préparation. — On chauffe doucement, dans un ballon de verre, un mélange de sel marin *fondu* et d'acide sulfurique concentré (le sel marin cristallisé donnerait lieu à une attaque trop rapide et à un boursouflement de la masse).

Le gaz est envoyé d'abord dans un flacon laveur, contenant une *très petite* quantité d'eau ordinaire, qui est destinée à retenir l'acide sulfurique mécaniquement entraîné, puis dans de l'eau distillée, où il se dissout.

Avec la dissolution ainsi obtenue, on vérifiera les principales propriétés de l'acide chlorhydrique, notamment son action sur le tournesol, le zinc et l'azotate d'argent.

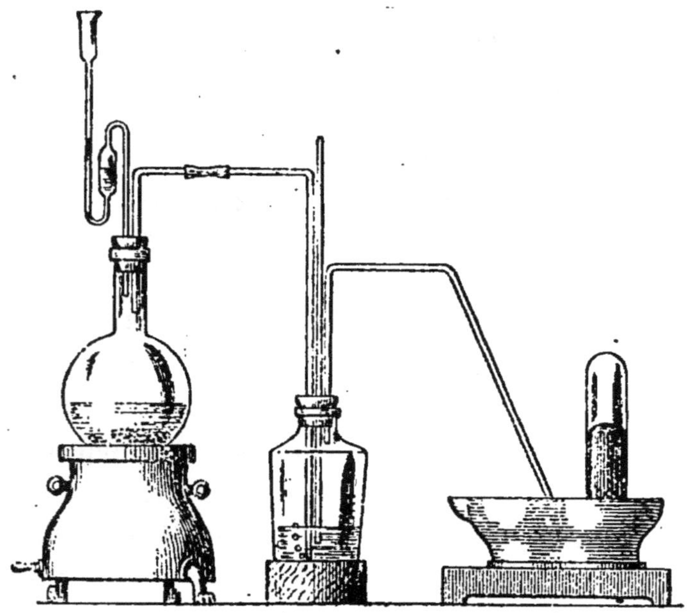

Fig. 52. — Préparation de l'acide chlorhydrique gazeux.

Si on veut l'avoir sec, on le fait passer dans des laveurs à acide sulfurique ou dans une éprouvette à chlorure de calcium; on le recueille alors sur la cuve à mercure (fig. 52).

Eau oxygénée.

112. Préparation. — Dans un mélange d'eau et d'acide chlorhydrique, refroidi vers 0°, on verse peu à peu une bouillie claire de bioxyde de baryum finement pulvérisé; il faut agiter continuellement et avoir soin que le liquide reste toujours acide. Quand tout le bioxyde est dissous, on a un mélange de chlorure de baryum et d'eau oxgénée, sur lequel on peut reconnaître tous les caractères de cette dernière substance: coloration bleue du réactif amylo-ioduré ou de l'acide chromique, effervescence d'oxygène avec le bioxyde de manganèse, etc.

On peut remplacer l'acide chlorhydrique, dans cette préparation, par l'acide fluorhydrique ou l'acide phosphorique étendus, qui transforment le bioxyde de baryum en fluorure ou en phosphate, l'un et l'autre insolubles dans l'eau (dans le cas de l'acide fluorhydrique, il faut faire le mélange dans une capsule de platine); il suffit alors de filtrer pour avoir de l'eau oxygénée exempte de baryum.

Un excès d'acide retarde sa décomposition spontanée.

On vérifiera que l'eau oxygénée dégage de l'oxygène lorsqu'on la chauffe et qu'elle régénère le bioxyde de baryum quand on l'additionne d'eau de baryte.

On pourra en même temps se rendre compte de son emploi à la restauration des tableaux en la faisant agir sur du sulfure de plomb précipité, qu'elle transforme peu à peu en sulfate de plomb blanc.

Soufre.

113. Préparation du soufre octaédrique et du soufre prismatique. — Voir *Cristallisation* (§ 86 et 87).

114. Préparation du soufre amorphe. — On agite de la fleur de soufre avec du sulfure de carbone, à plusieurs reprises et en décantant chaque fois, dans un flacon bien bouché. Le résidu est jeté sur un filtre et abandonné à l'air jusqu'à dessiccation complète.

Le sulfure de carbone décanté contient en dissolution tout le soufre cristallisable que renfermait le produit primitif; en l'abandonnant à l'évaporation spontanée, on aura une cristallisation de soufre octaédrique.

On pourra vérifier, en chauffant ces deux espèces de soufre avec de l'acide azotique, à la même température, que le soufre amorphe est plus facilement oxydable que le soufre cristallisé.

115. Préparation du soufre mou. — On fait fondre le soufre dans un ballon de verre et on le surchauffe jusqu'à ce qu'il ait atteint une température voisine de 300 degrés; on constate en passant que le liquide devient brun, puis qu'il s'épaissit et redevient peu à peu plus fluide. On le coule alors par filet mince dans une terrine pleine d'eau froide.

Le soufre mou reprend sa dureté première après quelques jours; on s'assurera qu'il renferme du soufre amorphe en le traitant par le sulfure de carbone, qui ne doit le dissoudre qu'en partie.

Hydrogène sulfuré.

116. Préparation par le sulfure de fer. — On traite le sulfure de fer artificiel FeS par l'acide sulfurique ou l'acide chlorhydrique étendus, à froid. L'appareil est le même que pour la préparation de l'hydrogène par le zinc (fig. 53) ; on dessèche le gaz, s'il y a lieu, avec du chlorure de calcium et non avec de l'acide sulfurique, qui le décomposerait.

On essaiera sur le gaz qui se dégage les principales réactions de l'acide sulfhydrique et on déterminera son état de pureté en l'agitant avec une dissolution de potasse, qui l'absorbe entièrement lorsqu'il est pur.

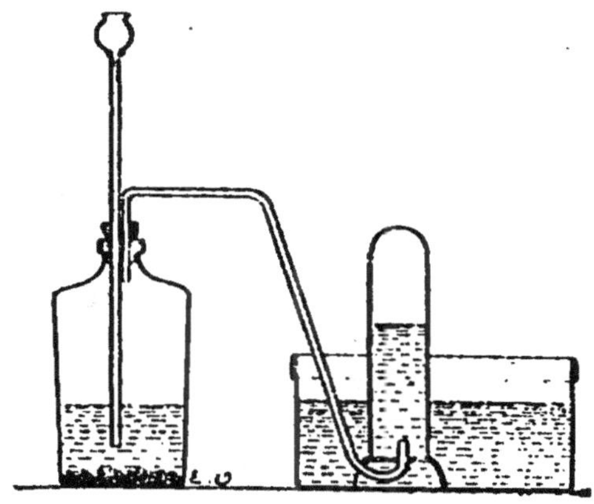

Fig. 53. — Préparation de l'hydrogène sulfuré.

L'acide sulfhydrique préparé par le sulfure de fer contient toujours de l'hydrogène libre, qui reste alors comme résidu et que l'on reconnaîtra à ce qu'il est inodore et brûle avec une flamme pâle.

Le résidu est du sulfate ou du chlorure ferreux, que l'on fera cristalliser et que l'on conservera dans des flacons bien bouchés, pour qu'il ne s'oxyde pas.

117. Préparation par le sulfure d'antimoine. — On chauffe du sulfure d'antimoine pulvérisé dans un ballon de verre, avec de l'acide chlorhydrique en dissolution *concentrée*. Même appareil que pour la préparation de l'acide chlorhydrique.

On remarquera qu'il se forme dans le ballon, vers la fin de l'expérience, un précipité rouge de sulfure d'antimoine régénéré.

Le gaz qui se dégage dans ces conditions est pur; on s'assurera qu'il est entièrement absorbable par une solution de potasse.

Le résidu est une dissolution de chlorure d'antimoine, que l'on conservera, après l'avoir filtrée, pour vérifier plus tard les réactions des sels d'antimoine.

La dissolution d'hydrogène sulfuré se prépare de la même manière que l'eau de chlore; on aura soin, pour la conserver, de la répartir en plusieurs petits flacons, exactement remplis et très bien bouchés, de manière à éviter le contact de l'air atmosphérique. On fera bien, à cause de ses emplois fréquents en analyse, d'en préparer de suite une assez grande quantité.

Remarque. — Les appareils à hydrogène sulfuré doivent être très bien montés; s'il s'y déclare quelque fuite au cours de l'expérience, on transportera le tout au dehors, de manière à ne pas en être incommodé; enfin, on aura soin d'envoyer toujours l'excès de gaz non utilisé dans une solution de potasse ou d'ammoniaque ; on obtiendra ainsi un sulfure alcalin qui pourra servir plus tard dans les recherches analytiques.

Chlorure de soufre.

118. Préparation. — On dirige un courant de chlore *sec* dans une cornue tubulée contenant du soufre fondu et communiquant avec un ballon à long col, plongé dans l'eau froide (fig. 54). On conserve le produit qui distille dans un flacon bien sec et hermétiquement bouché.

L'appareil doit être absolument étanche ; les vapeurs qui s'échappent du tube terminal sont envoyées dans

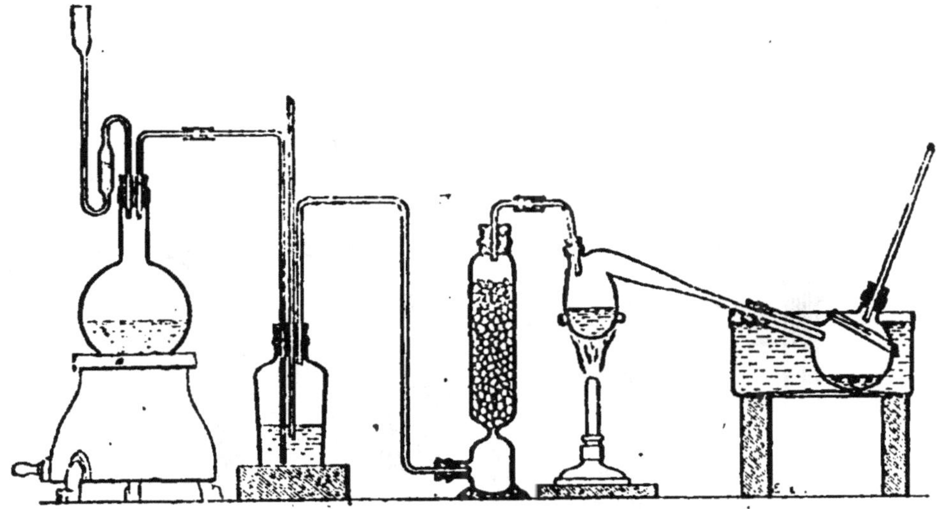

Fig. 54. — Préparation du chlorure de soufre.

une cheminée tirant bien ou, à son défaut, dans un flacon laveur à potasse.

Anhydride sulfureux.

119. Préparation par le cuivre et l'acide sulfurique. — On chauffe de la tournure de cuivre avec de l'acide sulfurique concentré, dans un ballon de verre. L'appareil est encore semblable à celui que nous avons employé pour la préparation de l'acide chlorhydrique, mais il faut prendre ici la précaution d'éteindre le feu et même de remplacer le fourneau chaud par un autre froid dès que la réaction commence, parce qu'elle tend à s'*emballer;* quand le dégagement de gaz se ralentit, on peut chauffer de nouveau, jusqu'à épuisement.

Le gaz qui se dégage est pur ; on peut, après dessiccation sur l'acide sulfurique ou le chlorure de calcium, le liquéfier par refroidissement dans un mélange de glace et de sel (fig. 55).

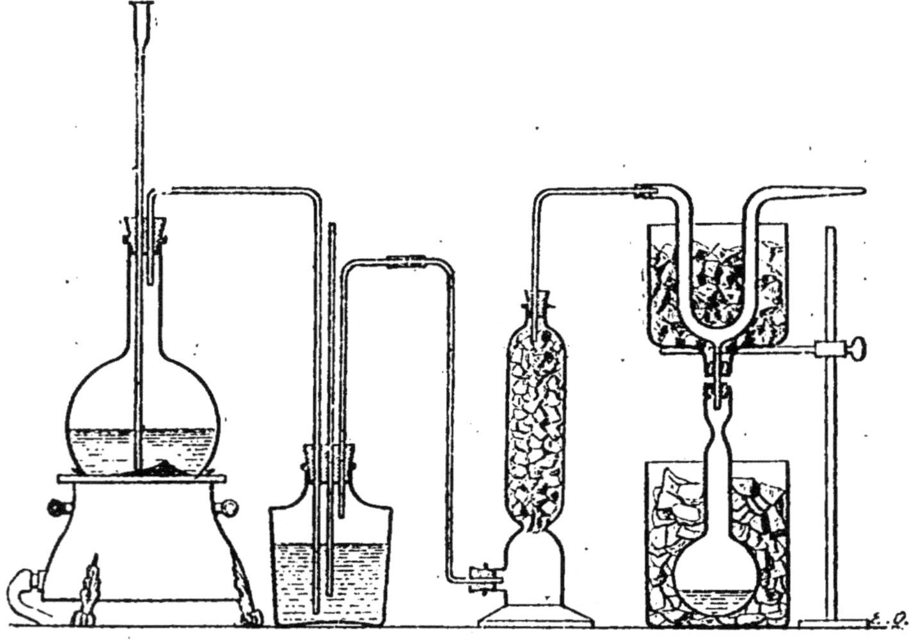

Fig. 55. — Liquéfaction de l'acide sulfureux.

L'anhydride sulfureux liquide se conserve dans des tubes ou dans des matras, à col étiré, que l'on scelle à la lampe après les avoir refroidis à — 15 ou — 20 degrés.

Le résidu de la préparation est du sulfate de cuivre anhydre, souillé par une petite quantité de sulfure de cuivre noir ; on recueillera ce sel par décantation, on le fera dissoudre dans l'eau bouillante et, après filtration, on abandonnera la liqueur à elle-même, jusqu'à ce qu'elle cristallise. On obtiendra ainsi de beaux cristaux bleus, tricliniques, de sulfate de cuivre hydraté $SO^4Cu + 5H^2O$.

120. Préparation par l'acide sulfurique et le charbon. — On chauffe de la braise ordinaire avec de l'acide sulfurique concentré, dans le même appareil que ci-dessus.

Le gaz qui se dégage est un mélange de 2 volumes d'anhydride sulfureux avec un volume d'anhydride carbonique; on pourra en faire l'analyse au moyen d'un fragment de borax humide, qui n'absorbe que l'anhydride sulfureux.

En envoyant un pareil gaz dans l'eau ou dans une lessive alcaline, on obtiendra facilement une solution d'acide sulfureux ou de bisulfite alcalin, dont on pourra ensuite étudier les principaux caractères.

En mettant quelques fragments de zinc dans une dissolution d'acide sulfureux, on verra se former de l'acide hydrosulfureux, reconnaissable à son odeur fétide et à son action décolorante sur la teinture d'indigo.

Acide sulfurique.

121. Préparation. — Dans un gros ballon en verre, muni d'un bouchon à quatre trous, on dirige simultanément et *lentement* un courant d'anhydride sulfureux, de bioxyde d'azote, de vapeur d'eau et d'air atmosphérique.

L'anhydride sulfureux peut être produit par combustion simple du soufre à l'air : on le recueille alors au moyen d'un entonnoir renversé, dont la douille communique avec l'un des tubes qui pénètrent dans le ballon, et on le force à entrer dans l'appareil en produisant une aspiration par l'un quelconque des autres tubes : dans ce cas il en suffit de trois, puisque le gaz sulfureux se trouve naturellement mêlé d'air.

On fera bien de ne pas envoyer de vapeur d'eau au

début de l'opération, de manière à voir se produire d'abord les cristaux des chambres de plomb. Un excès d'eau les fera ensuite disparaitre rapidement et l'acide sulfurique formé se réunira au fond du ballon.

Lorsqu'on en aura recueilli une certaine quantité, on le concentrera, en le chauffant dans une capsule de porcelaine, jusqu'à ce qu'il dégage d'épaisses fumées blanches ; on reconnaitra enfin ses principaux caractères et en particulier son action sur les sels solubles du baryum.

Azote.

122. Préparation par le cuivre et l'air, au rouge. — Avec un système de flacons communiquants, un flacon plein d'air dans lequel on fait couler un mince filet d'eau ou par tout autre moyen, on fait passer *lentement* un courant d'air dans l'intérieur d'un tube peu

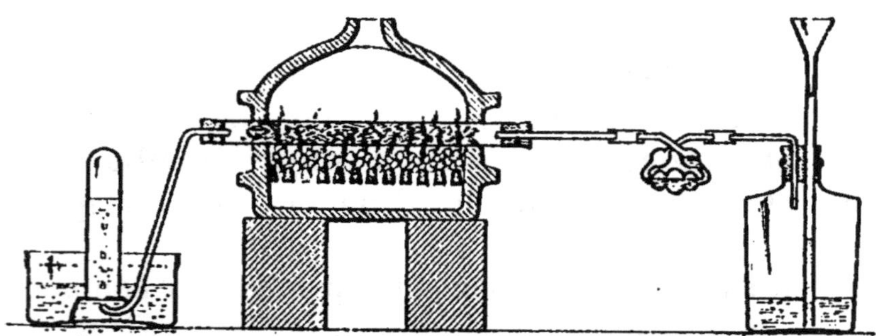

Fig. 56. — Préparation de l'azote par le cuivre.

fusible, entouré de clinquant et rempli de tournure de cuivre, que l'on chauffe au rouge sombre sur une grille ou dans un fourneau à réverbère ; l'air doit être au préalable purifié par un lavage dans une solution de potasse (fig. 56).

123. Préparation par le chlorure cuivreux, l'ammoniaque et l'air. — Dans un flacon plein d'air on introduit quelques fragments de chlorure cuivreux, puis une quantité d'ammoniaque suffisante pour les dissoudre, on bouche et l'on agite jusqu'à ce qu'il ne se produise plus d'absorption quand on ouvre le flacon dans la cuve à eau. On transvase alors le résidu gazeux dans des éprouvettes pleines d'eau.

L'azote extrait de l'air contient à peu près un centième de son volume d'argon.

124. Préparation par l'azotite de potassium et le chlorhydrate d'ammoniaque. — On mélange dans un ballon des quantités équivalentes des deux sels, on ajoute de l'eau et on chauffe doucement, jusqu'à l'ébullition (fig. 57).

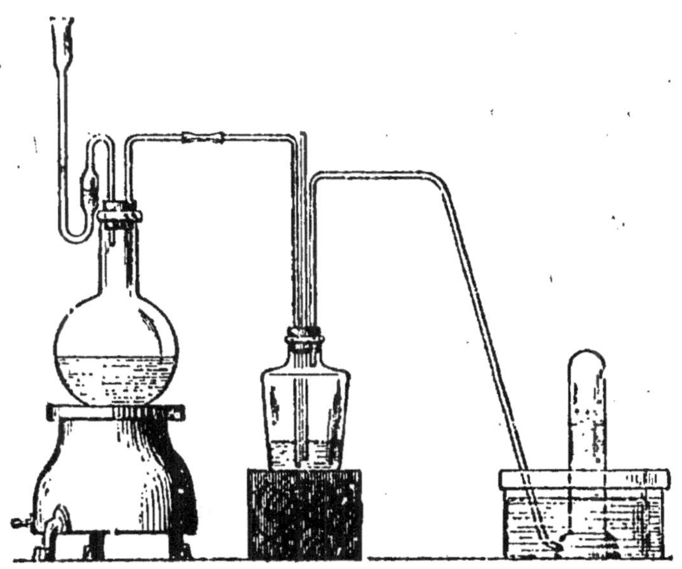

Fig. 57. — Préparation de l'azote par l'azotite de potassium.

Le gaz ainsi obtenu est pur.

On s'assurera que l'azote éteint les corps en combustion, qu'il ne trouble pas l'eau de chaux, et, s'il est possible, qu'il donne des vapeurs rutilantes avec l'oxygène, sous l'action des étincelles électriques.

125. Démonstration de la présence de l'argon dans l'air. — Dans un tube à analyse en verre vert, de 20 centimètres de longueur, fermé par un bout et étiré à l'autre, on introduit un mélange de 2 grammes de magnésium en poudre avec 4 grammes de chaux pure, récemment calcinée et parfaitement anhydre.

On raccorde, par l'intermédiaire d'un caoutchouc solidement ficelé, avec un tube manométrique, de 80 centimètres de hauteur, plongeant dans le mercure, et on chauffe au rouge très sombre, à la main, en ayant bien soin que le tube ne se déforme pas ; peu à peu le mercure monte et finit par devenir stationnaire. On mesure alors sa hauteur et on la trouve inférieure de quelques millimètres à celle du baromètre normal ; il reste donc dans le tube un résidu gazeux que le calcium n'a pas absorbé : c'est de l'argon, que l'on pourrait en extraire au moyen d'une trompe à mercure.

Ammoniaque.

126. Préparation par le sel ammoniac et la chaux. — On mélange rapidement une partie de sel ammoniac et deux parties de chaux vive, finement concassés, et on chauffe doucement dans un ballon muni d'un tube abducteur. Le gaz est recueilli sur la cuve à mercure, comme l'acide chlorhydrique, ou dans des laveurs à eau, où il se dissout.

On surveillera attentivement l'appareil, pour prévenir les absorptions qui se produisent fréquemment, à cause de la grande solubilité du gaz.

Si l'on veut préparer ainsi une solution concentrée d'ammoniaque, il faudra maintenir le laveur dans une terrine pleine d'eau, pour éviter son échauffement.

127. Synthèse de l'ammoniaque. — Dans un tube à analyse, en verre vert, on introduit un mélange de 15 grammes de magnésium en poudre avec 30 grammes de chaux vive, finement pulvérisée ; on entoure de clinquant, puis on chauffe peu à peu jusqu'au rouge, sur une grille à gaz, et on envoie dans le tube un courant d'air, jusqu'à ce qu'il ne se produise plus d'absorption. On remarquera que cette absorption donne lieu à un dégagement considérable de chaleur, qui détermine parfois la fusion du tube et de son enveloppe métallique.

Quand la réaction est terminée on laisse refroidir, on casse le tube, on introduit son contenu, qui est formé de magnésie et d'azoture de calcium, dans un petit ballon en verre, et on y laisse couler lentement de l'eau à l'aide d'un tube à brome. L'ammoniaque qui se dégage est recueillie comme précédemment dans un flacon laveur où elle se dissout.

On pourra faire brûler le gaz ammoniaque dans l'oxygène à l'aide d'un chalumeau oxydrique, en ayant soin de faire arriver l'ammoniaque au centre et l'oxygène à l'extérieur; enfin, avec la solution ammoniacale, il sera facile de vérifier ses principales propriétés chimiques, son action sur le tournesol, le chlore, le brome, les acides, etc.

128. Décomposition de l'ammoniaque par le cuivre au rouge. — On envoie un courant d'ammoniaque dans un tube en porcelaine, chauffé au rouge, et rempli de tournure de cuivre. Le gaz qui se dégage est recueilli sur la cuve à eau : c'est un mélange de 3 parties d'hydrogène avec 1 partie d'azote. On constatera qu'il brûle à l'air avec une flamme peu éclairante, en produisant de la vapeur d'eau.

Le meilleur moyen d'avoir un courant régulier d'ammoniaque, dans cette expérience, consiste à chauffer doucement, dans un ballon, une dissolution commerciale de ce gaz.

129. Préparation de l'amalgame d'ammonium. — Dans une éprouvette à moitié remplie d'une solution concentrée de sel ammoniac, on verse une centaine de grammes d'amalgame de sodium à 2 pour cent environ, puis on agite avec une baguette de verre. L'amalgame de sodium se change alors en amalgame d'ammonium, dont le volume est infiniment plus considérable, si bien que la masse déborde au dehors de l'éprouvette.

L'amalgame d'ammonium ne tarde pas à se décomposer, en dégageant de l'hydrogène et du gaz ammoniaque.

130. Préparation des sels ammoniacaux. — On peut les obtenir tous en saturant une solution d'ammoniaque par l'acide correspondant ; on fera bien de préparer en passant une solution de sulfhydrate d'ammoniaque, qui trouvera son emploi en analyse : il suffit pour cela de faire passer un courant d'acide sulfhydrique dans de l'eau ammoniacale, jusqu'à ce que le gaz ne s'absorbe plus.

La solution fraiche du sulfhydrate d'ammoniaque est incolore ; peu à peu elle jaunit, par suite de la formation de persulfures d'ammonium et devient alors plus particulièrement apte à dissoudre les sulfures métalliques du 2e groupe (§ 11).

Protoxyde d'azote.

131. Préparation. — On chauffe *doucement*, un peu au-dessus de son point de fusion, de l'azotate d'ammoniaque bien sec : on peut se servir pour cela, indifféremment, d'un ballon ou d'une cornue (fig. 58). L'essentiel est de ne pas élever trop brusquement la température, car l'azotate d'ammoniaque est un corps explosif et sa décomposition devient facilement tumultueuse.

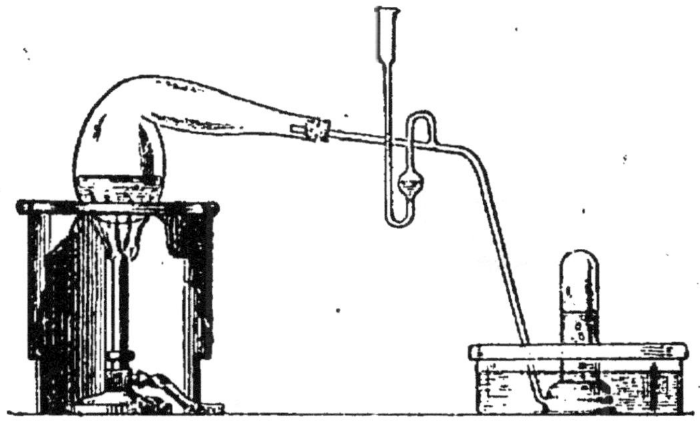

Fig. 58. — Préparation du protoxyde d'azote.

On vérifiera que le gaz entretient la combustion comme l'oxygène ; on y fera brûler du charbon, du soufre et du phosphore, enfin on le distinguera de l'oxygène à ce qu'il ne donne pas de coloration avec le bioxyde d'azote ni avec le pyrogallol potassé.

En ajoutant au protoxyde d'azote son propre volume d'hydrogène, on aura un mélange explosif au moins aussi énergique que le gaz de la pile.

Bioxyde d'azote.

132. Préparation par le cuivre et l'acide azotique étendu. — Même appareil que pour l'hydrogène (fig. 59);

au début le bioxyde d'azote se combine avec l'oxygène de l'air que renferme le flacon pour former des vapeurs rutilantes : il y a alors absorption, mais bientôt le dégagement se produit, d'autant plus rapide que l'on a mis davantage d'acide azotique.

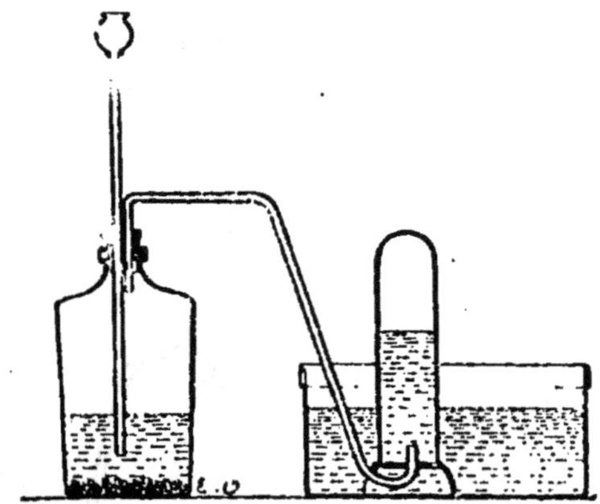

Fig. 59. — Préparation du bioxyde d'azote.

Quand l'appareil doit fonctionner longtemps, il est nécessaire de le refroidir en le plongeant dans l'eau.

On s'assurera que le gaz est absorbable par une dissolution concentrée de sulfate ferreux, avec production d'une matière brune qui se décolore lorsqu'on la chauffe ; enfin on recueillera la dissolution d'azotate de cuivre qui reste dans le flacon et on la fera cristalliser.

133. Préparation par l'azotate de potassium et le chlorure ferreux. — Dans un ballon on place une dissolution concentrée de chlorure ferreux, on ajoute un excès d'acide chlorhydrique, on fait bouillir et on introduit peu à peu, par très petites portions à la fois, une dissolution de salpêtre ; le gaz qui se dégage est, dans ce cas, absolument pur.

On s'en assurera en constatant qu'il est entièrement absorbable par une solution de sulfate ferreux.

134. Combustions dans le bioxyde d'azote. — On y fera brûler, comme dans l'oxygène ou le protoxyde d'azote, du soufre et du phosphore; le soufre devra être chauffé d'abord jusqu'à sa température d'ébullition, autrement il s'éteindrait dans le bioxyde d'azote.

En approchant une allumette d'un flacon rempli de bioxyde d'azote où l'on a agité quelques centimètres cubes de sulfure de carbone, on voit se produire une belle flamme bleue, très photogénique, d'un éclat presque éblouissant.

Nous avons vu plus haut (§ 107) que la lumière émise par cette combustion est capable de déterminer l'explosion immédiate d'un mélange à volumes égaux de chlore et d'hydrogène.

Peroxyde d'azote.

135. Préparation. — On dessèche de l'azotate de plomb pulvérisé en le chauffant dans une capsule de porcelaine jusqu'à ce qu'il commence à dégager des vapeurs rouges, puis on l'introduit dans une cornue en verre peu fusible que l'on chauffe au rouge sombre ; les vapeurs qui se dégagent sont condensées dans un tube en U, refroidi par un mélange réfrigérant vers — 10 degrés (fig. 60).

Le liquide ainsi obtenu doit être franchement jaune ; une coloration verdâtre serait l'indice de la présence d'un peu d'anhydride azoteux et par conséquent la preuve d'une dessiccation imparfaite du sel de plomb employé.

En versant quelques gouttes de peroxyde d'azote

dans de l'eau glacée, on verra se former un liquide bleu, fort instable, mélange d'acide azotique et d'anhydride azoteux ; enfin, en dirigeant les vapeurs du peroxyde d'azote dans une solution de potasse, on

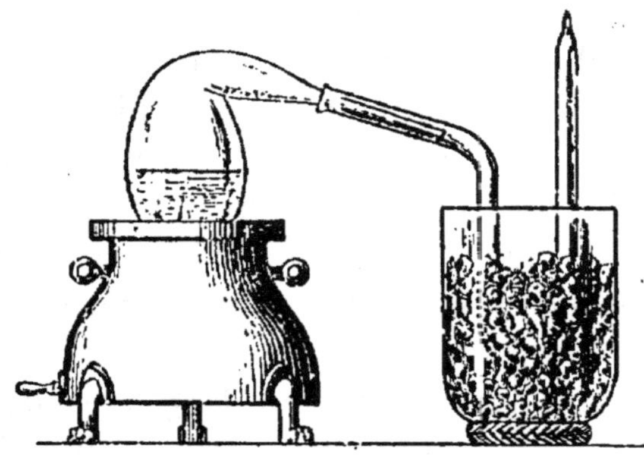

Fig. 60. — Préparation du peroxyde d'azote.

obtiendra un mélange d'azotate et d'azotite de potassium, que l'on pourra séparer l'un de l'autre, après cristallisation, au moyen de l'alcool, qui ne dissout que l'azotite.

Sur ces solutions, renfermant de l'acide azoteux libre ou un azotite alcalin, on pourra essayer les réactions caractéristiques de ces corps, notamment celles qu'ils donnent avec le réactif amylo-ioduré et le permanganate.

Acide azotique.

136. Préparation. — On distille dans une cornue un mélange d'acide sulfurique et d'azotate de potassium ou de sodium. Pour charger la cornue on devra y introduire d'abord le sel concassé, puis on y versera l'acide au moyen d'un tube à entonnoir assez long pour que son extrémité débouche dans la panse ; on évitera ainsi que l'intérieur du col soit mouillé d'acide sulfurique, qui souillerait le produit obtenu.

Les vapeurs sont condensées dans un ballon refroidi par un courant d'eau ; l'appareil ne doit pas porter de bouchons, qui seraient rapidement détruits par les vapeurs acides (fig. 61).

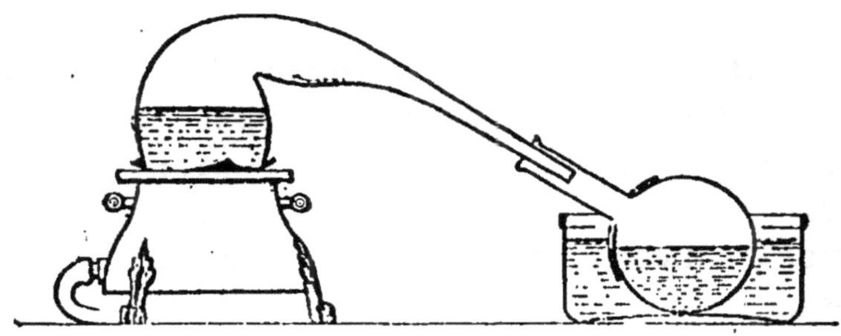

Fig. 61. — Préparation de l'acide azotique.

On obtient ainsi de l'acide azotique fumant, avec lequel on pourra oxyder du soufre et répéter l'expérience du fer passif.

On reproduira également les réactions caractéristiques de l'acide azotique et des azotates; enfin on fera bien d'en conserver une certaine quantité pour la préparation ultérieure des composés aromatiques nitrés.

137. Transformation de l'acide azotique en ammoniaque. — Dans un tube de verre vert, effilé à l'une de ses extrémités, on introduit de la mousse de platine ou de l'amiante platinée, on y dirige un courant d'hydrogène saturé de vapeurs d'acide azotique (pour cela, il suffit de faire passer d'abord le gaz dans un petit laveur à moitié rempli d'acide azotique fumant) et on chauffe au rouge sombre. Le gaz qui s'échappe possède l'odeur de l'ammoniaque et en donne toutes les réactions.

On peut aussi ajouter à l'acide azotique un excès d'acide sulfurique étendu et quelques fragments de zinc; en ajoutant au liquide, lorsque la réaction est terminée, une quantité de potasse suffisante pour redissoudre le précipité d'oxyde de zinc qui se forme d'abord, on sentira se dégager nettement l'odeur de l'ammoniaque.

138. Transformation de l'ammoniaque en acide azotique. — On emploie le même appareil que précédemment, mais on envoie un courant d'air au lieu d'hydrogène et dans le flacon laveur on met une solution concentrée d'ammoniaque au lieu d'acide azotique.

Les vapeurs blanches (quelquefois rutilantes) qui se dégagent sont recueillies dans un ballon où elles se condensent: on vérifiera que le produit donne les réactions caractéristiques des azotates et des azotites.

Phosphore.

139. Préparation de l'hydrogène phosphoré. — Dans un petit col droit portant un tube abducteur et un tube de sûreté assez large (15 à 20 millimètres de diamètre) on fait d'abord passer un courant d'anhydride carbonique pour chasser tout l'air qu'il renferme, puis on y laisse tomber, par le tube droit, de petits fragments de phosphure de calcium. Dès que le gaz carbonique a été déplacé à son tour, l'hydrogène phosphoré se dégage sous forme de bulles qui prennent feu au contact de l'air, en donnant des couronnes de fumée.

Remarque. — Si l'on n'avait pas soin de remplir le flacon d'acide carbonique, au début de l'expérience, l'hydrogène phosphoré pourrait prendre feu à l'intérieur même de l'appareil et donner lieu à des explosions.

140. Préparation de l'acide phosphorique. — On calcine du phosphate d'ammoniaque dans une capsule de platine ou bien on chauffe le même sel, dans une capsule de porcelaine, avec un excès d'eau régale.

Dans le premier cas on obtient de l'acide métaphosphorique, qu'il suffit de faire bouillir avec un peu d'eau pour le transformer en acide orthophosphorique. On vérifiera sur chacun d'eux les réactions qui permettent de les reconnaitre.

Recommandation essentielle. — Les commençants devront éviter de se servir de phosphore libre, dont l'emploi est toujours dangereux.

Arsenic.

141. Recherche des composés arsénicaux. — Elle s'effectue au moyen de l'appareil de Marsh, dont le fonctionnement a été décrit plus haut (§ 19).

Bore.

142. Préparation du bore. — On chauffe dans un petit creuset de terre un mélange de magnésium en poudre avec 3 fois son poids d'anhydride borique, absolument sec et finement pulvérisé. La température doit atteindre le rouge sombre et y être maintenue pendant environ 10 minutes.

On laisse alors refroidir, on sépare la partie brune qui est au centre du creuset et on la fait bouillir successivement, en décantant chaque fois, avec de l'eau, de l'acide chlorhydrique et une lessive de potasse, qui s'emparent des impuretés. Le bore reste seul, sous la forme d'une poudre brune, que l'on recueille sur un filtre et que l'on sèche à l'étuve.

On s'assurera que le bore ainsi préparé brûle avec incandescence à l'air ou dans un courant de protoxyde d'azote, en donnant de l'anhydride borique.

143. Préparation de l'acide borique. — On ajoute un excès d'acide chlorhydrique à une solution chaude et concentrée de borax : l'acide borique se dépose, pendant le refroidissement, sous forme de paillettes à éclat gras, que l'on sépare par décantation et que l'on purifie par une seconde cristallisation dans l'eau bouillante.

On vérifiera que l'acide borique est fusible au rouge et qu'il colore en vert la flamme de l'alcool.

Carbone.

144. Réduction d'oxydes. — On chauffe un oxyde de métal lourd (Pb,Sn,Cu) dans un creuset, avec un léger excès de charbon : le métal mis en liberté se réunit au fond du creuset, s'il est facilement fusible, et y forme un culot qu'il est facile d'isoler en cassant le creuset refroidi.

En répétant la même expérience dans un tube à essai, muni d'un tube abducteur, on pourra constater qu'il se dégage de l'anhydride carbonique.

Oxyde de carbone.

145. Préparation par l'acide oxalique. — On chauffe doucement, dans un ballon, un mélange d'acide oxalique cristallisé et d'acide sulfurique. Le gaz qui se dégage est un mélange à volumes égaux d'oxyde de carbone et d'acide carbonique : on arrête ce dernier par un flacon laveur à potasse caustique (fig. 62).

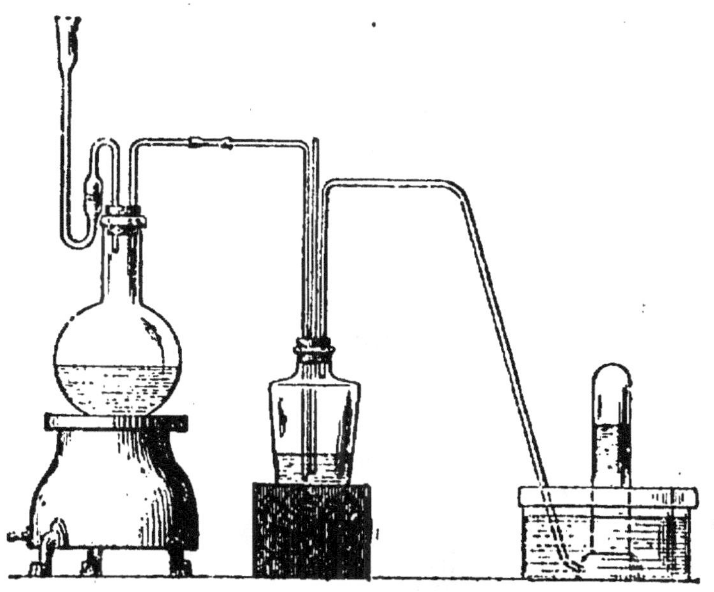

Fig. 62. — Préparation de l'oxyde de carbone.

On vérifiera que l'oxyde de carbone ne trouble pas l'eau de chaux, qu'il est absorbable par le chlorure cuivreux et qu'il donne de l'acide carbonique en brûlant : on pourra s'en servir pour réduire de l'oxyde de cuivre, chauffé au rouge sombre dans un tube de verre vert.

146. Préparation par l'acide formique. — On chauffe *très doucement* un mélange d'acide formique et d'acide sulfurique concentré ; le gaz est immédiatement pur, en sorte qu'on peut, dans ce cas, supprimer le flacon laveur à potasse.

147. Préparation par l'anhydride carbonique et le charbon. — Dans un tube en porcelaine chauffé au rouge et rempli de charbon de bois concassé, on dirige lentement un courant d'anhydride carbonique *sec :* le gaz qui se dégage est purifié par un lavage à la potasse, il renferme quelquefois un peu d'hydrogène, qui provient des matières organiques mélangées au charbon. Son volume est à peu près exactement le double de celui de l'anhydride carbonique employé.

148. Préparation par l'oxyde de zinc et le charbon. — On chauffe au rouge, dans une cornue de grès, un

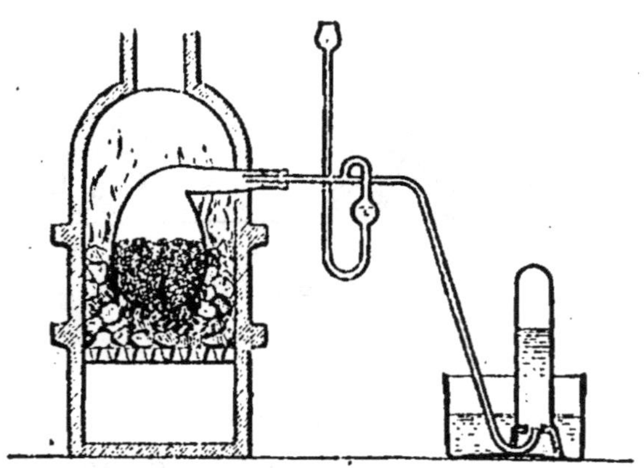

Fig. 63. — Préparation de l'oxyde de carbone par l'oxyde de zinc.

mélange intime de blanc de zinc et de charbon de bois (fig. 63).

Remarque. — Dans toutes ces préparations, on évitera soigneusement de respirer le gaz qui s'échappe des appareils ; l'oxyde de carbone, bien qu'inodore, est en effet très toxique.

Anhydride carbonique.

149. Préparation. — On décompose de la craie ou du marbre par l'acide chlorhydrique étendu dans l'appareil qui a déjà servi à la préparation de l'hydrogène.

On s'assurera que le gaz trouble l'eau de chaux et qu'il est entièrement absorbable par la potasse caustique; on reconnaîtra sa grande densité en le transvasant d'une éprouvette dans une autre; enfin, on pourra y faire brûler du sodium métallique, préalablement enflammé à l'air dans un têt à combustion *bien sec*.

Silicium.

150. Préparation de la silice gélatineuse. — On ajoute à une solution un peu étendue de silicate de sodium, d'abord une petite quantité d'acide chlorhydrique, puis un excès d'ammoniaque: la masse gélatineuse qui se précipite est recueillie sur un filtre et soigneusement lavée à l'eau distillée.

On peut aussi chauffer dans un ballon un mélange de sable fin, de fluorure de calcium et d'acide sulfurique: il se dégage du fluorure de silicium $SiFl^4$, qui se décompose au contact de l'eau en donnant de la silice gélatineuse et de l'acide fluosilicique. On fera bien de recueillir celui-ci, pour vérifier qu'il précipite les sels de potassium.

L'appareil doit être surveillé avec soin, d'abord parce que le tube qui amène le gaz fluorure de silicium tend à s'obstruer dans la partie qui plonge dans l'eau, ensuite parce que le ballon, sous l'influence de l'acide fluorhydrique qui se forme dans la réaction, finit toujours par se percer et même par se défoncer entièrement.

151. Préparation de l'hydrogène silicé. — Dans un tube bouché, en verre vert, on chauffe au rouge, à l'aide d'un chalumeau à gaz, un mélange de 5 grammes de magnésium en poudre avec autant de sable siliceux très fin; il se produit bientôt une vive incandescence, dont le résultat est la production de siliciure de magnésium $SiMg^2$, mélangé de magnésie. Quand la réaction est terminée, on laisse refroidir et on traite le résidu, dans un verre à expériences, par l'acide chlorhydrique: il se dégage de l'hydrogène silicé impur, qui prend feu spontanément à l'air, comme l'hydrogène phosphoré.

CHAPITRE III

MÉTAUX

152. Préparation des alliages. — On pourra reproduire les principaux alliages usuels, en fondant ensemble, dans un creuset, les métaux qui les constituent; il est souvent avantageux, pour avoir des lingots bien compacts, d'ajouter dans le creuset un fondant, par exemple du borax anhydre.

Les alliages ainsi obtenus seront ensuite analysés qualitativement.

Potassium.

153. Préparation de la potasse. — Dans une capsule en porcelaine on fait bouillir, en remplaçant l'eau qui s'évapore, une solution à 10 0/0 de carbonate de potassium avec un excès de lait de chaux (contenant environ 50 parties de chaux vive pour 100 parties de carbonate de potassium), jusqu'à ce qu'une portion du liquide, éclairci par le repos, ne fasse plus effervescence avec les acides. Alors on filtre à travers une toile, tendue sur un cadre horizontal en bois et on évapore *rapidement* la liqueur, jusqu'à sec, dans une capsule en fer ou mieux en argent.

Finalement, on donne un coup de feu pour fondre le résidu et on coule sur une plaque de tôle.

La potasse doit être conservée dans des flacons bien clos, à l'abri de l'humidité et de l'acide carbonique de l'air.

Lorsqu'on veut avoir de la potasse pure, il est préférable de faire bouillir une solution de sulfate de potasse avec de l'eau de baryte, en quantité *juste suffisante* pour séparer tout l'acide sulfurique à l'état de sulfate de baryum insoluble : il suffit alors de filtrer la liqueur pour avoir une dissolution de potasse rigoureusement pure.

On vérifiera que la potasse présente tous les caractères d'une base forte et qu'elle dégage une quantité de chaleur considérable en s'unissant aux acides.

154. Préparation de l'eau de Javel. — On fait passer un courant de chlore dans une lessive *étendue* de potasse, en évitant toute élévation de température. Le liquide doit posséder tous les caractères des chlorures décolorants.

155. Préparation du chlorate de potassium. — On fait passer un courant de chlore, par un tube *large* (pour éviter les obstructions), dans une lessive moyennement concentrée et bouillante de potasse. Le chlorate se dépose par le refroidissement sous la forme de paillettes qu'on purifie par une seconde cristallisation dans l'eau bouillante.

On vérifiera que le sel ainsi obtenu dégage de l'oxygène quand on le chauffe et on constatera qu'il donne avec le soufre et le sulfure d'antimoine des mélanges violemment explosifs par le choc.

156. Préparation du sulfure de potassium. — On partage en deux parties égales une solution quelconque de potasse; on sature l'une d'hydrogène sulfuré, de manière à avoir le sulfhydrate KSH, puis on ajoute l'autre et on concentre jusqu'à cristallisation.

157. Préparation du salpêtre. — On fait dissoudre ensemble, dans une petite quantité d'eau bouillante, des poids équivalents d'azotate de sodium et de chlorure de potassium : le salpêtre se dépose pendant le refroidissement de la liqueur. On le recueille par décantation et on le purifie en le faisant de nouveau cristalliser dans l'eau chaude.

En calcinant ce sel au rouge on peut le transformer en azotite de potassium.

On essaiera sur les sels ainsi préparés les réactions caractéristiques des azotates et des azotites.

158. Préparation du silicate de potassium. — On chauffe au rouge vif, dans un creuset, un mélange intime de sable blanc avec 3 fois son poids de carbonate de potassium : la température doit être assez élevée pour produire la fusion complète de la masse.

Quand la réaction est terminée, c'est-à-dire quand il ne se produit plus d'effervescence à l'intérieur du creuset, on coule le produit sur une plaque de fonte, où il se solidifie en prenant l'aspect du verre.

Le silicate ainsi préparé doit être soluble dans l'eau : il renferme toujours un peu d'alumine, qui provient de l'attaque du creuset par le carbonate de potassium en fusion.

Sodium.

159. Préparation de la soude. — Voyez *Potasse* (§ 153).

160. Préparation de l'eau de Labarraque. — Voyez *Eau de Javel* (§ 151).

161. Préparation du sulfure de sodium. — Voyez *Sulfure de potassium* (§ 156).

162. Préparation du bisulfite de sodium. — On fait passer jusqu'à refus un courant d'anhydride sulfureux (préparé par l'acide sulfurique et le charbon) dans une solution saturée de carbonate de sodium ; il se forme d'abord un précipité de bicarbonate de sodium qui se redissout peu à peu, avec effervescence d'anhydride carbonique.

La solution ainsi obtenue doit être conservée à l'abri de l'air, dans des flacons bien bouchés; on s'en servira en chimie organique comme réactif des aldéhydes et des acétones.

En traitant une solution étendue de bisulfite de sodium par le zinc en grenailles, on obtiendra de l'hydrosulfite de sodium qui décolore la teinture d'indigo comme l'acide hydrosulfureux libre.

Dans cette préparation on peut remplacer le carbonate de sodium par la soude caustique; si on ajoute au produit obtenu une quantité de soude égale à celle qui a servi à le former, on obtient du sulfite neutre de sodium, qui cristallise facilement.

163. Préparation de l'hyposulfite de sodium. — On fait bouillir une solution de 8 parties de sulfite neutre de sodium, bien exempt de bisulfite, avec 1 partie de fleur de soufre, puis on filtre et on évapore la liqueur jusqu'à ce qu'elle cristallise par refroidissement.

On essaiera sur le sel ainsi obtenu les réactions des hyposulfites et on vérifiera qu'il dissout les composés haloïdes de l'argent.

On pourra enfin s'en servir pour faire des dissolutions sursaturées.

164. Préparation du carbonate et du bioarbonate de sodium. — On fait passer *lentement* un courant de gaz carbonique dans une solution ammoniacale du commerce, étendue de son volume d'eau et saturée de sel marin; peu à peu, surtout si l'on chauffe légèrement, il se dépose du bicarbonate de sodium peu soluble, que l'on recueille sur un filtre et qu'on lave avec un peu d'eau froide, pour éliminer le sel ammoniac qui l'imprègne.

Le bicarbonate de sodium, un peu au-dessus de 100 degrés, se transforme entièrement en carbonate neutre; inversement une solution de carbonate neutre précipite du bicarbonate quand on y fait passer, à froid, un courant d'acide carbonique.

165. Préparation du silicate de sodium. — Voyez *Silicate de potassium* (§ 158).

Calcium.

166. Préparation de la chaux. — On calcine au rouge cerise de la craie ou mieux des fragments de marbre, dans un creuset *ouvert*. La température doit être soutenue au même point pendant trois ou quatre heures, sans jamais atteindre le rouge blanc, parce qu'alors les parois du creuset seraient attaquées et il y aurait production de silicates fusibles.

En traitant la chaux vive ainsi obtenue par l'eau on la transforme en hydrate de calcium ou chaux éteinte, dont la dissolution aqueuse est connue sous le nom d'*eau de chaux*.

167. Préparation du chlorure de calcium. — On évapore jusqu'à sec les liquides provenant de la préparation de l'anhydride carbonique et on porte au rouge pour fondre le résidu : on coule alors sur une plaque horizontale et on conserve le produit dans des flacons bien bouchés.

Le produit ainsi obtenu pourra servir à dessécher les gaz ou à déshydrater certains liquides organiques, comme par exemple les éthers-oxydes et les éthers-sels.

168. Préparation du chlorure de chaux. — Comme pour l'eau de Javel (§ 151), en remplaçant la solution de potasse par un lait de chaux.

En traitant le chlorure de chaux par une quantité équivalente de carbonate de potassium et filtrant la liqueur pour séparer le carbonate de calcium qui se précipite, on obtient l'eau de Javel *concentrée*.

169. Préparation du sulfure de calcium. — On calcine, dans un creuset fermé, un mélange de plâtre et de charbon, auquel il est bon d'ajouter un peu de résine ou d'empois d'amidon pour accroître encore sa puissance réductrice.

Le produit doit dégager de l'acide sulfhydrique en abondance au contact des acides forts.

En chauffant des coquilles de mollusques pulvérisées avec du soufre, dans un creuset, et calcinant ensuite le produit ainsi formé avec une trace d'azotate de bismuth, on obtient un sulfure de calcium impur qui possède une belle phosphorescence violette.

Strontium.

170. Préparation de la strontiane. — On chauffe au rouge, dans un creuset de terre, de l'azotate de strontium bien sec : il se dégage des vapeurs rutilantes et la strontiane reste dans le creuset sous forme d'une masse grise caverneuse. On l'enfermera immédiatement dans un flacon bien bouché pour la préserver de l'humidité.

En la traitant par l'eau on la verra se déliter, avec un vif dégagement de chaleur, comme la chaux; en dissolvant enfin l'hydrate de strontium dans un excès d'eau on aura l'*eau de strontiane*, qui possède à peu près toutes les propriétés de l'eau de chaux et notamment se trouble en présence d'acide carbonique.

171. Préparation du chlorure de strontium. — On dissout le carbonate ou le sulfure de strontium dans l'acide chlorhydrique étendu et on évapore jusqu'à cristallisation.

Le chlorure de strontium colore en rouge vif la flamme de l'alcool.

172. Préparation du sulfure de strontium. — Voyez *Sulfure de calcium* (§ 169).

173. Préparation de l'azotate de strontium. — On dissout le carbonate ou le sulfure de strontium dans l'acide azotique *étendu* et on évapore. L'acide azotique concentré agirait sur le sulfure de strontium comme oxydant et le changerait en sulfate insoluble.

L'azotate de strontium doit être maintenu à l'abri de l'humidité ; avec la plupart des corps combustibles il donne des mélanges qui brûlent avec une belle flamme rouge (*feux de Bengale*).

Baryum.

174. Préparation de la baryte. — Voyez *Strontiane* (§ 170).

L'eau de baryte, saturée à chaud, donne par refroidissement des cristaux d'hydrate répondant à la formule $Ba(OH)^2+8H^2O$; comme l'eau de chaux et l'eau de strontiane elle précipite en blanc par l'acide carbonique.

175. Préparation du sulfure, du chlorure et de l'azotate de baryum. — Comme pour les sels correspondants du strontium.

L'azotate de baryum donne avec les corps combustibles des mélanges qui brûlent avec une flamme verte (*feux de Bengale*).

Magnésium.

176. Préparation de la magnésie. — On calcine au rouge sombre, dans un creuset de terre, de la magnésie blanche. Le produit doit se dissoudre sans effervescence dans l'acide chlorhydrique étendu.

177. Préparation du chlorure de magnésium anhydre. — On dissout de la magnésie ou du carbonate de magnésium dans l'acide chlorhydrique, puis on ajoute un poids de chlorhydrate d'ammoniaque égal à celui de la magnésie employée, on évapore à sec et on chauffe le résidu jusqu'à ce qu'il soit entièrement liquéfié et qu'il ne dégage plus de vapeurs blanches. On coule alors sur une plaque métallique et on conserve à l'abri de l'humidité.

L'addition de chlorhydrate d'ammoniaque a pour effet d'empêcher la décomposition du chlorure de magnésium par l'eau, pendant a concentration des liqueurs.

178. Préparation du sulfate de magnésium. — On attaque de la dolomie finement pulvérisée par l'acide sulfurique étendu, dans une capsule de porcelaine. Quand le liquide cesse de faire effervescence, même en présence d'un excès de dolomie, on filtre et on évapore jusqu'à cristallisation.

Le sulfate de magnésium pur, en présence de sel ammoniac, ne doit être troublé ni par l'ammoniaque, ni par les oxalates alcalins.

179. Préparation de la magnésie blanche. — On dissout 100 grammes de sulfate de magnésium cristallisé dans une égale quantité d'eau, on porte à l'ébullition, puis on ajoute 125 grammes de carbonate de sodium ordinaire, dissous dans 250 centimètres cubes d'eau. On fait bouillir jusqu'à ce qu'il ne se dégage plus sensiblement d'acide carbonique, puis on filtre, on lave le précipité, sur son filtre même, et on essore le tout sur des papiers buvards ou des plaques de plâtre.

La magnésie blanche est entièrement décomposée par la chaleur en anhydride carbonique, vapeur d'eau et magnésie anhydre.

Aluminium.

180. Préparation de l'alumine. — On précipite une dissolution de sulfate d'aluminium pur par un excès d'ammoniaque, on jette sur une toile et on lave à plusieurs reprises avec de l'eau distillée. On obtient ainsi de l'alumine gélatineuse, que la calcination rend anhydre.

On peut avoir immédiatement celle-ci à l'état pur en calcinant au rouge, dans un creuset, de l'alun d'ammoniaque préalablement desséché.

L'alumine gélatineuse pourra servir à faire des *laques* en la délayant dans des dissolutions de matières colorantes diverses; en la traitant par l'acide sulfurique étendu on régénérera le sulfate d'aluminium $Al^2(SO^4)^3$ et en la dissolvant dans une lessive alcaline on obtient des *aluminates*.

181. Préparation de l'alun. — On dissout dans l'eau des quantités équivalentes de sulfate d'aluminium et de sulfate de potassium, puis on concentre jusqu'à cristallisation.

En remplaçant le sulfate de potassium par le sulfate d'ammoniaque, on aura de même l'alun ammoniacal, qui est isomorphe avec l'alun ordinaire.

On pourra utiliser ces aluns au mordançage et à la teinture de petites pièces d'étoffe.

Zinc.

182. Préparation du chlorure et du sulfate de zinc. — On extrait ces sels des résidus de la préparation de l'hydrogène, ainsi qu'il a été dit plus haut (§ 97).

Le chlorure de zinc anhydre pourra servir à la préparation de certains éthers-sels.

Fer.

183. Préparation du peroxyde de fer. — On calcine dans un creuset, à la température rouge, du sulfate ferreux ordinaire, jusqu'à ce qu'il ne se dégage plus de vapeurs acides; il se forme ainsi de l'oxyde amorphe, connu sous le nom de *colcothar* ou *rouge d'Angleterre*.

Si l'on mélange à l'avance le sulfate de fer avec une fois et demi son poids de sel marin, on obtient de l'oxyde de fer cristallisé, que l'on sépare aisément par l'eau de l'excès de sulfate et de chlorure de sodium qui l'accompagnent.

L'hydrate ferrique se prépare en précipitant une solution de perchlorure de fer par l'ammoniaque en excès : c'est une masse gélatineuse, qui se dissout facilement dans les acides pour donner les sels ferriques correspondants.

184. Préparation du chlorure ferreux. — On dissout du fer, à chaud, dans l'acide chlorhydrique, puis on filtre et on concentre jusqu'à cristallisation.

Le chlorure ferreux cristallisé doit être d'un beau vert : on le conservera dans des flacons bien bouchés pour prévenir son oxydation.

On l'utilisera à la préparation du bioxyde d'azote (§ 133).

185. Préparation du chlorure ferrique. — On dissout du fer dans l'eau régale ou bien on dirige un courant de chlore dans une solution de chlorure ferreux, jusqu'à ce que le liquide ne donne plus de précipité bleu avec le ferricyanure de potassium.

L'évaporation des liqueurs doit se faire à température peu élevée, pour éviter la décomposition du chlorure ferrique ; d'ailleurs, ce sel cristallise très difficilement et on l'emploie toujours en dissolution.

186. Préparation du sulfure de fer. — On chauffe des clous dans un creuset jusqu'au rouge très vif, puis on projette des morceaux de soufre et on couvre immédiatement avec un couvercle en terre; dès qu'il ne s'échappe plus de flammes bleues, on retourne le creuset au-dessus d'une pelle et on voit s'en écouler un liquide qui se solidifie aussitôt par refroidissement. On concasse la masse et on conserve dans un bocal quelconque.

Ce produit servira à la préparation de l'acide sulfhydrique (§ 116).

187. Préparation du bleu de Prusse. — On ajoute du ferrocyanure de potassium à une dissolution de sel ferrique, on recueille le précipité sur un filtre, on lave à l'eau distillée et l'on sèche.

En dissolvant le bleu de Prusse dans l'acide oxalique on obtient l'*encre bleue* ordinaire.

188. Préparation du sulfate ferreux. — On dissout de la ferraille dans l'acide sulfurique étendu et on fait cristalliser la liqueur par évaporation.

Le sulfate ferreux doit être conservé autant que possible à l'abri de l'air, qui l'oxyde et le recouvre d'une couche ocreuse de sous-sulfate ferrique.

En le mélangeant avec une quantité équivalente de sulfate d'ammoniaque, on aura le sulfate ferroso-ammonique qui cristallise très facilement, se conserve bien sans altération et sert à préparer les liqueurs types pour le dosage volumétrique du fer (§ 30).

Manganèse.

189. Préparation du chlorure de manganèse. — On dissout du sulfure ou du carbonate de manganèse pur dans l'acide chlorhydrique étendu et on fait cristalliser. C'est un beau sel rose, très soluble dans l'eau.

On l'obtient comme résidu, à l'état impur, dans la préparation du chlore par le procédé de Scheele.

190. Préparation du sulfate manganeux. — Comme ci-dessus, en remplaçant l'acide chlorhydrique par l'acide sulfurique.

191. Préparation du carbonate de manganèse. — Voir plus haut : *Préparation du chlore* (§ 105).

192. Préparation du manganate et du permanganate de potassium. — On chauffe dans un creuset en fer, jusqu'à fusion pâteuse, un mélange à parties égales de potasse caustique, de chlorate de potassium et de bioxyde de manganèse en poudre. La matière doit se dissoudre dans l'eau en donnant un liquide vert foncé, qui devient rouge quand on y ajoute un acide : c'est du manganate de potassium impur.

La solution rouge qui se forme lorsqu'on traite le corps précédent par l'acide azotique étendu dépose, quand on l'évapore, de beaux cristaux à reflets mordorés de permanganate de potassium.

On pourra employer ces deux sels à oxyder de l'acide sulfureux, à transformer les sels ferreux en sels ferriques, etc.

Chrome.

193. Préparation de l'oxyde de chrome. — On calcine dans un creuset du bichromate de potassium, mélangé de sel ammoniac, à la température rouge; il reste un mélange d'oxyde de chrome amorphe et de chlorure de potassium, que l'on sépare par l'eau.

En chauffant de même un mélange de bichromate de potassium avec un excès d'acide borique (5 parties) on obtient une masse qui s'échauffe au contact de l'eau et se sépare en acide borique, mélangé de borate de potassium, qui se dissout, et en oxyde de chrome, d'une très belle couleur verte *(vert Guignet)*.

Enfin, lorsqu'on calcine au rouge vif un mélange de bichromate de potassium et de sel marin, il se forme de l'oxyde de chrome cristallisé, que l'on sépare de sa gangue soluble au moyen de l'eau bouillante.

194. Préparation de l'anhydride chromique. — On ajoute un excès d'acide sulfurique (1 volume et demi) à une solution de bichromate de potassium saturée à 50 degrés; l'acide doit être versé très lentement et en agitant sans cesse, de manière à éviter toute projection dangereuse.

L'acide chromique cristallise en belles aiguilles rouges pendant le refroidissement du liquide; on le recueille par décantation et essorage sur des plaques de porcelaine poreuse.

On essaiera son action sur l'eau oxygénée, l'acide sulfureux et l'alcool étendu d'eau.

195. Préparation du bichromate de potassium. — On chauffe pendant 2 heures, au rouge vif, dans un creuset de terre, un mélange de 25 grammes de salpêtre avec autant de carbonate de potassium et 50 grammes de fer chromé, en poudre aussi fine que possible.

Après refroidissement, on traite par l'eau chaude, on filtre pour séparer l'oxyde de fer resté insoluble, on ajoute un petit excès d'acide azotique, puis on concentre la liqueur rouge jusqu'à cristallisation. Le produit brut ainsi obtenu doit être redissout dans l'eau chaude et cristallisé une seconde fois.

En ajoutant au bichromate de potassium une quantité de potasse égale à celle qu'il renferme déjà on le transforme en chromate neutre, qui cristallise en beaux cristaux jaunes.

Étain.

196. Préparation du chlorure stanneux. — On dissout de l'étain grenaillé dans l'acide chlorhydrique bouillant, puis on évapore jusqu'à cristallisation.

Les dissolutions de chlorure stanneux doivent être faites dans l'eau acidulée d'acide chlorhydrique et non dans l'eau pure, qui donnerait lieu à une précipitation d'oxychlorure d'étain.

197. Préparation du chlorure stannique. — Même dispositif que pour la préparation du chlorure de soufre (fig. 64).

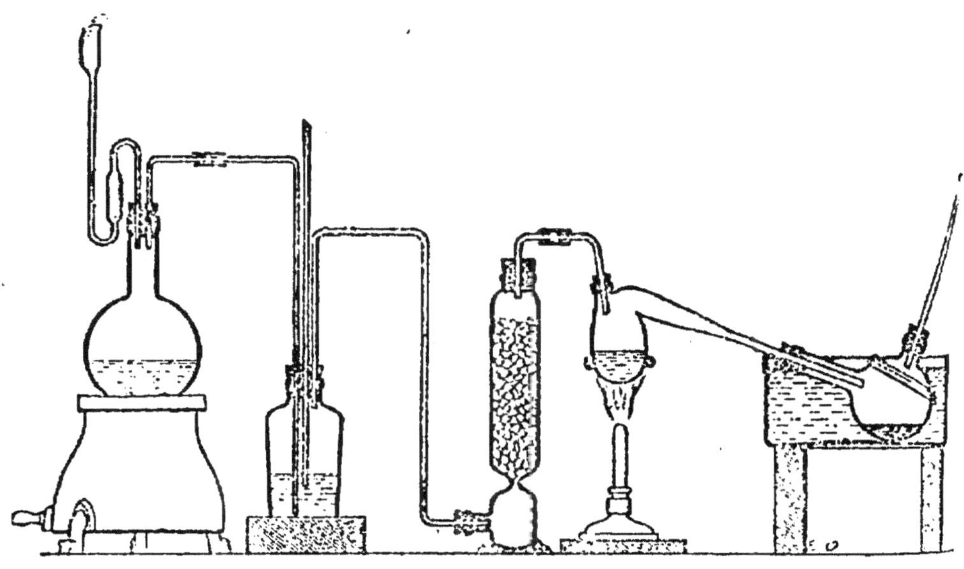

Fig. 64. — Préparation du chlorure stannique.

Le chlorure stannique est un liquide fumant, d'odeur suffocante, qui doit être conservé à l'abri de l'humidité, dans des flacons bouchant à l'émeri.

L'eau le transforme en un hydrate à 5 molécules d'eau, qui est cristallisable.

Le chlorure stannique anhydre pourra servir plus tard à la préparation de la fuchsine.

198. Préparation de l'or mussif. — L'or mussif, ou bisulfure d'étain, se prépare en chauffant dans un creuset ou un ballon en verre vert, au rouge très sombre, un mélange de 12 grammes de fleur de soufre avec autant de sel ammoniac et 30 grammes d'amalgame d'étain (renfermant 10 grammes de mercure), le tout très finement pulvérisé.

La préparation est finie quand il ne se dégage plus de vapeurs ; ces vapeurs, qui renferment du chlorure mercurique, doivent être envoyées dans une cheminée à bon tirage.

Antimoine.

199. Préparation de l'antimoine. — On chauffe dans un creuset, au rouge vif, 50 grammes de sulfure d'antimoine en poudre avec autant de carbonate de sodium sec et 20 grammes de limaille de fer. L'antimoine se réunit au fond du creuset, en formant un lingot qui se détache sans peine, après refroidissement, de la scorie surnageante.

200. Préparation du chlorure d'antimoine. — On l'obtient facilement pur en évaporant et distillant dans une cornue de verre le résidu de la préparation de l'hydrogène sulfuré par le sulfure d'antimoine et l'acide chlorhydrique, ou encore en attaquant l'antimoine fondu par un courant de chlore sec, dans le même appareil qui sert à la préparation du chlorure stannique et du chlorure de soufre.

Le chlorure d'antimoine pur est un corps solide blanc, cristallisé, fusible, volatil et très déliquescent; il se décompose en présence d'un excès d'eau en donnant un précipité d'oxychlorure d'antimoine (*poudre d'Algaroth*).

201. Préparation du kermès. — On dissout 200 grammes de carbonate de sodium ordinaire dans 2 litres d'eau, on fait bouillir et on ajoute 10 grammes de sulfure d'antimoine très finement pulvérisé. Après encore une heure d'ébullition on filtre et on laisse refroidir *très lentement*. Le kermès se dépose peu à peu; on le recueille sur un filtre, on lave à l'eau et on fait sécher à basse température.

Le kermès est du sulfure d'antimoine hydraté, mélangé avec un peu d'oxysulfure.

En ajoutant de l'acide chlorhydrique aux eaux-mères de la préparation précédente, on obtient un nouveau précipité de couleur orange, qui est formé surtout de sulfure d'antimoine, et que l'on désigne vulgairement sous le nom de *soufre doré d'antimoine*.

Bismuth.

202. Préparation du nitrate acide de bismuth. — On dissout du bismuth en poudre, par petites portions à la fois, dans de l'acide azotique légèrement étendu d'eau, puis on concentre jusqu'à consistance sirupeuse et on laisse cristalliser.

En projetant peu à peu ce sel dans l'eau bouillante, on le transforme en un nouveau corps insoluble, qui est connu sous le nom de *sous-nitrate de bismuth*.

Plomb.

203. Préparation du plomb par la galène et le fer. — On chauffe rapidement au rouge, dans un creuset, un mélange de galène (50 grammes) et de carbonate de sodium sec (25 grammes), puis on agite la masse fondue avec un faisceau de fils de fer qui est rapidement rongé, par suite de sa transformation en sulfure de fer. Après refroidissement, on casse le creuset et on trouve au fond un culot de plomb que l'on peut marteler sur l'enclume.

Il pourra être intéressant de soumettre le métal ainsi obtenu à la coupellation, de manière à voir s'il est argentifère.

204. Préparation du peroxyde de plomb. — On agite du minium avec de l'acide azotique étendu, dans un verre à expériences, jusqu'à ce que la couleur du mélange soit devenue franchement brune, puis on filtre, on lave et on fait sécher.

Le liquide filtré dépose par évaporation des cristaux d'azotate de plomb.

205. Préparation de l'acétate de plomb. — On dissout de la litharge dans un léger excès d'acide acétique, on filtre et on fait cristalliser.

En maintenant à 100 degrés, pendant 2 heures, une dissolution d'acétate de plomb en présence d'un excès de litharge, on obtient le sous-acétate de plomb ou *extrait de Saturne* des pharmaciens.

206. Préparation de la céruse. — On fait passer un courant d'anhydride carbonique dans du sous-acétate de plomb jusqu'à ce que le précipité n'augmente plus visiblement; alors on filtre, on lave à l'eau et on sèche.

La liqueur filtrée est une dissolution d'acétate neutre de plomb, qu'il suffit de chauffer avec de la litharge pour la ramener à son état primitif de sous-acétate.

On essaiera sur ce produit les principales réactions qui distinguent la céruse du blanc de zinc.

207. Préparation du jaune de chrome. — On précipite une solution d'acétate de plomb par le bichromate de potassium, puis on filtre, on lave et on sèche à l'étuve.

Cuivre.

208. Préparation de l'oxyde cuivreux. — On dissout 50 grammes d'acétate de cuivre dans l'eau bouillante, puis on ajoute peu à peu, en agitant et en maintenant toujours la température au voisinage de 100 degrés, une solution concentrée de glucose.

Quand la couleur bleue du liquide primitif a presque totalement disparu on recueille le précipité rouge qui s'est formé sur un filtre, on lave et on sèche à basse température.

209. Préparation de l'oxyde cuivrique. — On calcine de la tournure de cuivre dans un têt à rôtir jusqu'à ce qu'elle soit devenue absolument noire.

Pour en avoir de plus grandes quantités on tasse de la tournure de cuivre dans un gros tube en terre que l'on chauffe au rouge et au bout duquel on adapte un tuyau coudé, en tôle. Le courant d'air qui s'établit dans cette sorte de cheminée provoque l'oxydation rapide du métal, que l'on remplace par d'autre dès que sa transformation est complète.

On peut auss calciner dans un creuset de l'azotate

de cuivre, jusqu'à ce qu'il ne se dégage plus de vapeurs rouges ; enfin, on obtient immédiatement l'hydrate cuivrique, sous la forme d'un précipité bleu gélatineux, en décomposant le sulfate de cuivre par la potasse, à froid. Cet hydrate se transforme en oxyde cuivrique noir quand on le fait chauffer avec de l'eau ou mieux une lessive alcaline.

L'oxyde cuivrique préparé par voie sèche pourra servir à l'analyse organique (§§ 52 à 59).

210. Préparation du chlorure cuivreux. — On l'obtient très facilement et en grande quantité par voie sèche, en faisant passer un courant de chlore sec dans un tube rempli de rognures de cuivre et chauffé au rouge sombre ; si l'on a soin d'incliner légèrement le tube, le chlorure cuivreux fondu s'écoule goutte à goutte au dehors : on le recueille dans un têt en terre où il se solidifie par refroidissement, sous la forme d'une masse cristalline de couleur foncée.

On peut aussi préparer le chlorure cuivreux par voie humide, en chauffant au bain-marie une solution concentrée d'acide chlorhydrique avec une quantité d'oxyde de cuivre insuffisante pour le saturer et un excès de tournure de cuivre : il se forme une solution brune qui, projetée dans l'eau, dépose immédiatement du chlorure cuivreux, en poudre blanche, beaucoup plus altérable à l'air et à la lumière que lorsqu'il a été préparé par voie sèche.

Le chlorure cuivreux préparé par l'une ou l'autre de ces deux méthodes trouvera son emploi dans l'analyse des gaz.

211. Préparation du chlorure cuivrique. — On dissout du cuivre dans l'eau régale et on évapore la liqueur jusqu'à ce qu'elle cristallise.

Le chlorure cuivrique cristallisé, à une molécule d'eau, est d'un beau vert clair; par la dessiccation il devient anhydre et prend une couleur brune caractéristique.

212. Préparation du sulfate de cuivre. — Voyez *Acide sulfureux* (§ 119).

213. Préparation du carbonate de cuivre. — On précipite une solution de sulfate de cuivre par le carbonate de sodium.

Le carbonate de cuivre est une poudre amorphe d'un beau vert bleuâtre, qui porte dans le commerce des couleurs le nom de *cendres vertes*.

Mercure.

214. Préparation de l'oxyde de mercure. — Pour préparer l'oxyde rouge on chauffe, dans un matras en verre, au bain de sable, de l'azotate de mercure préalablement desséché : il se dégage des vapeurs rutilantes et l'oxyde reste au fond du matras.

La température doit être ménagée avec soin, de façon à produire la décomposition totale de l'azotate sans jamais atteindre celle où l'oxyde commence à se dissocier.

L'oxyde jaune se prépare par voie humide, en précipitant un sel mercurique, par exemple une solution de sublimé corrosif, par une lessive de potasse.

215. Préparation du calomel. — On dissout 10 grammes de mercure dans une égale quantité d'acide azotique et on ajoute un excès d'une solution saturée de sel marin. Le calomel se précipite immédiatement, on le recueille sur un filtre, on le lave soigneusement à l'eau distillée et on sèche.

La même préparation peut se faire par voie sèche, en sublimant un mélange de sulfate mercureux et de sel marin, mais elle est alors beaucoup plus délicate.

216. Préparation du sublimé corrosif. — On dissout 10 grammes de mercure dans un léger excès d'eau régale et on évapore jusqu'à cristallisation. Les cristaux qui se déposent doivent être redissous dans l'eau bouillante, pour éliminer les acides qui les imprègnent, et la dissolution concentrée à nouveau.

Encore ici la même préparation peut s'effectuer par voie sèche, en sublimant un mélange de sulfate mercurique et de sel marin.

217. Préparation de l'iodure mercurique. — On précipite une solution de chlorure mercurique par la quantité *juste nécessaire* d'iodure de potassium (un excès de ce sel redissoudrait l'iodure de mercure), puis on filtre, on lave à l'eau et l'on sèche.

L'iodure mercurique est une poudre dense, d'un très beau rouge, qui devient jaune quand on la chauffe et reprend peu à peu sa couleur primitive après refroidissement. Cette dernière transformation est facilitée par le contact d'une parcelle d'iodure rouge ou par le frottement d'un corps dur.

L'iodure mercurique peut être sublimé ; au rouge sombre il se dissocie en dégageant des vapeurs violettes d'iode.

218. Préparation du vermillon. — On triture dans un mortier 10 grammes de soufre avec 25 grammes de mercure, jusqu'à ce que toute la masse ait pris la teinte noire du sulfure de mercure ordinaire, puis on ajoute 50 centimètres cubes d'une solution de potasse à 15 ou 20 0/0 et on laisse digérer, pendant une dizaine d'heures, dans un endroit chaud, en agitant fréquemment. Peu à peu le sulfure de mercure change d'état physique et prend la couleur rouge caractéristique du vermillon. La préparation est terminée quand le produit a pris la teinte que l'on désirait obtenir : il ne reste plus alors qu'à filtrer, à laver et à sécher.

219. Préparation des sulfates de mercure. — On dissout du mercure dans l'acide sulfurique bouillant, on évapore l'excès d'acide sous une cheminée tirant bien et on abandonne à la cristallisation spontanée.

On obtient ainsi généralement un mélange de sulfate mercureux et de sulfate mercurique ; pour avoir ce dernier pur il est bon d'ajouter à l'acide sulfurique un peu d'acide azotique qui porte le métal au maximum d'oxydation : il se dégage alors des vapeurs rutilantes au lieu d'anhydride sulfureux.

Le sulfate de mercure se transforme au contact d'un excès d'eau en un sous-sel insoluble, de couleur jaune, qui répond sensiblement à la formule $SO^4Hg + 2HgO$ et que l'on désignait autrefois sous le nom de *turbith minéral.*

Argent.

220. Réduction du chlorure d'argent. — On a souvent occasion de réduire à l'état métallique les résidus de chlorure d'argent qui proviennent des dosages de ce métal ou encore des vieux bains photographiques que l'on a précipités par le sel marin. Pour cela on peut opérer par voie sèche ou par voie humide.

Par voie sèche on chauffe pendant une heure, au rouge vif, dans un creuset ordinaire, 100 parties de chlorure d'argent avec 70 parties de craie et 4 parties de charbon, le tout finement pulvérisé. La masse fond et l'argent se réunit en un culot métallique que l'on sépare, après refroidissement, de la scorie qui l'imprègne et que l'on purifie par des lavages à l'acide chlorhydrique et à l'eau.

Par voie humide on traite le chlorure d'argent, dans un verre à expériences, par la grenaille de zinc et l'eau acidulée (d'acide sulfurique ou chlorhydrique) : l'hydrogène naissant s'empare du chlore et laisse le métal précieux sous forme d'une mousse noire, spongieuse, que l'on peut ensuite agglomérer par le martelage ou par la fusion.

221. Préparation de l'azotate d'argent. — Si l'on dispose d'argent pur, comme celui qui provient de la réduction du chlorure, il suffit de dissoudre le métal dans l'acide azotique ordinaire, employé autant que possible en quantité suffisante, mais non en excès, et d'abandonner ensuite à la cristallisation.

Si l'on traite ainsi un alliage monétaire ou d'orfèvrerie on obtient en même temps que l'azotate d'argent une petite quantité d'azotate de cuivre qui colore le mélange en bleu ; pour séparer celui-ci, on évapore à sec, dans une petite capsule de porcelaine, puis on calcine très doucement, de façon à décomposer l'azotate de cuivre sans altérer l'azotate d'argent. La masse noircit et quand elle a perdu toute trace de coloration bleue on laisse refroidir, on reprend par l'eau et on filtre pour éliminer l'oxyde de cuivre insoluble. La liqueur filtrée, qui doit être incolore, est enfin concentrée jusqu'à ce qu'elle cristallise.

La dissolution du métal dans l'acide azotique donne lieu à une vive effervescence qui peut occasionner des pertes ; on évite facilement celles-ci en recouvrant la capsule qui renferme le mélange d'un entonnoir renversé, dont on lave les parois avec un peu d'eau quand l'attaque est complète.

L'azotate d'argent fondu et coulé en baguettes dans une lingotière constitue la *pierre infernale* des chirurgiens.

222. Argenture du verre. — On dissout 5 grammes d'azotate d'argent dans 100 centimètres cubes d'eau, on ajoute goutte à goutte de l'ammoniaque jusqu'à ce que le précipité qui se forme au début ait complètement disparu, puis 225 centimètres cubes d'une solution de soude *pure* à 4,5 0/0 et encore de l'ammoniaque, en quantité juste suffisante pour redissoudre l'oxyde d'argent qui se précipite.

On étend avec de l'eau distillée jusqu'à 750 centimètres cubes, on réajoute quelques gouttes d'azotate d'argent étendu, de manière à ce que la liqueur devienne légèrement trouble, puis enfin 20 grammes de lactose, préalablement dissous dans 200 centimètres cubes d'eau.

On remplit alors de ce liquide à peu près limpide des ballons en verre, nettoyés avec soin par des lavages à l'acide azotique bouillant et à l'eau distillée, et on chauffe doucement, au bain-marie, vers 60 ou 70 degrés ; peu à peu l'argent se dépose sous la forme d'une couche miroitante, adhérente au verre. Quand l'argenture est complète on décante le liquide et on lave les ballons avec de l'eau distillée.

Le lactose peut être remplacé par de l'acide tartrique ou de l'aldéhyde, mais la réussite est alors moins certaine, surtout avec l'aldéhyde qui donne lieu souvent à des taches.

CHAPITRE IV

CHIMIE ORGANIQUE

223. Préparation du méthane. — On chauffe jusque vers 500 degrés, dans une cornue en verre vert ou en grès, un mélange intime d'acétate de soude *sec* avec 2 fois son poids de chaux sodée et on recueille le gaz qui se dégage sur la cuve à eau.

Le méthane ainsi préparé est assez impur : il contient notamment des vapeurs d'acétone et quelques traces d'hydrocarbures non saturés. Les vapeurs d'acétone peuvent être retenues en grande partie par un flacon laveur à acide sulfurique concentré que l'on dispose immédiatement à la suite de la cornue ; quant aux hydrocarbures incomplets on ne peut les éliminer qu'en agitant le gaz, dans un flacon bouché à l'émeri, d'abord avec un peu de brome, avec lequel ils se combinent, puis avec une solution de potasse, qui absorbe les vapeurs de brome en excès.

Le méthane pur doit brûler avec une flamme très pâle, ressemblant à celle de l'hydrogène, et être sensiblement inodore. On vérifiera qu'il donne de l'anhydride carbonique en brûlant et qu'il forme avec l'oxygène un mélange explosif.

224. Préparation du chloroforme. — Dans une grande cornue ou dans un gros ballon, de 2 litres au moins de capacité, on introduit d'abord 10 grammes d'alcool, puis 250 centimètres cubes d'eau et un mélange finement pulvérisé de 60 grammes de chlorure de chaux avec 30 à 40 grammes de chaux éteinte ; on agite, puis on relie le ballon à un bon réfrigérant et on chauffe très doucement, en ayant soin d'éteindre le feu dès que la réaction commence, pour que le boursouflement qui se produit n'entraîne pas la matière jusque dans le réfrigérant ; le chloroforme distille de lui-même, en même temps qu'un peu d'alcool non attaqué. Quand la réaction est finie, on recharge le ballon comme précédemment, sans le vider, et on recommence.

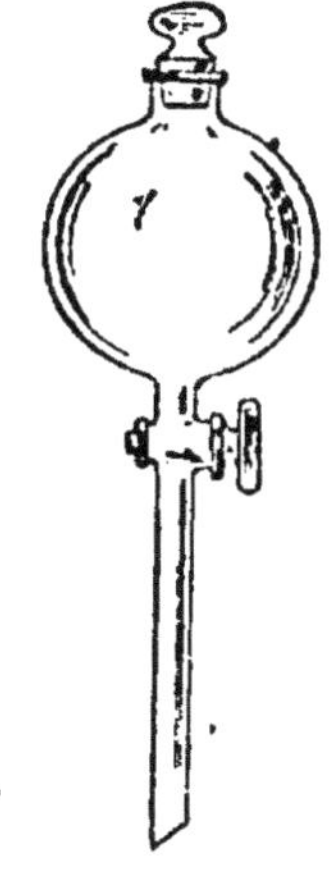

Fig. 65. Tube à brome.

Finalement on traite le produit distillé par l'eau, pour dissoudre l'alcool qu'il renferme, on sépare le chloroforme qui se rassemble au fond à l'aide d'une pipette ou d'un tube à brome (fig. 65), on sèche avec quelques fragments de chlorure de calcium fondu qu'on laisse séjourner dans le liquide pendant quelques heures et on distille à température fixe, en recueillant seulement ce qui passe à 60-61 degrés.

En traitant le chloroforme par la potasse alcoolique bouillante, on obtiendra un mélange de chlorure et de formiate de potassium, que l'on pourra caractériser l'un et l'autre par leurs réactions connues.

225. Préparation de l'iodoforme. — Dans 100 centimètres cubes d'une dissolution à 20 0/0 de carbonate (ou bicarbonate) de sodium, on ajoute 25 centimètres cubes d'alcool ou d'acétone, on chauffe près de l'ébullition, puis on laisse tomber dans le mélange, par petites parties à la fois, 10 grammes d'iode pulvérisé. Quand l'iode s'est dissous et que le liquide est décoloré on laisse refroidir : l'iodoforme se dépose peu à peu en petites lamelles cristallines, de forme hexagonale.

L'iodoforme est décomposé par la potasse alcoolique de la même manière que le chloroforme.

226. Préparation de l'éthylène. — Dans un ballon de verre de 1 litre de capacité on mélange avec précaution 50 grammes d'alcool et 200 grammes d'acide sulfurique concentré, puis on ajoute un peu de sable siliceux et un fragment de paraffine, pour éviter la production de mousse, enfin on chauffe rapidement jusque vers 200 degrés. Le gaz qui se dégage est souillé de vapeurs d'éther et d'une petite quantité d'anhydrides carbonique et sulfureux qui proviennent de réactions secondaires; on le purifie en le faisant passer dans deux ou trois flacons laveurs renfermant

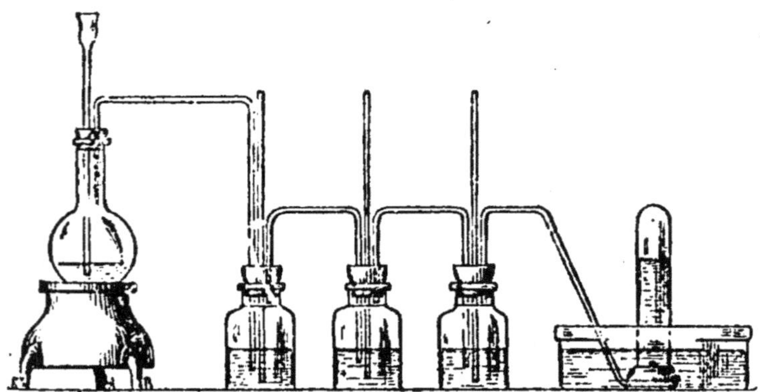

Fig. 66. — Préparation de l'éthylène.

de l'acide sulfurique, qui retient les vapeurs d'éther, ainsi que l'alcool qui passe inaltéré, et de la potasse, qui absorbe les gaz acides (fig. 66).

On doit régler le feu de manière à ce que le dégagement se fasse bulle à bulle, sans jamais devenir très rapide.

L'éthylène pur doit être très peu odorant : on vérifiera qu'il est complètement absorbé par le brome, à froid.

Pour faire l'expérience sans danger, on remplit d'éthylène un petit flacon de verre bouchant à l'émeri, puis on y fait passer, à travers l'eau de la cuve, un petit tube bouché dans lequel on a versé quelques grammes de brome, on ferme et on agite ; si après quelques instants on débouche le flacon dans la cuve, on voit l'eau s'y précipiter jusqu'à le remplir entièrement. Il faut avoir bien soin, pendant toute cette manipulation, de ne pas se laisser couler du brome sur les doigts ; si par hasard cela arrivait, il faudrait immédiatement se laver les mains avec de l'ammoniaque étendue.

227. Préparation du chlorure d'éthylène (*liqueur des Hollandais*). — Pour montrer sa production, il suffit de mélanger, dans une grande éprouvette reposant sur la cuve à eau, des volumes égaux d'éthylène et de chlore : peu à peu le liquide monte dans la cloche, indiquant une diminution graduelle de la pression intérieure, et on voit apparaître des gouttelettes opalescentes de chlorure d'éthylène qui, d'abord, sont retenues par capillarité à la surface de l'eau, puis bientôt tombent au fond de celle-ci.

Pour en préparer davantage il suffit d'envoyer simultanément, dans un gros matras de 2 ou 3 litres, portant un bouchon à trois ouvertures, un courant d'éthylène et un courant de chlore, convenablement purifiés l'un et l'autre et réglés de manière à ce qu'ils aient à peu près la même vitesse : le tube amenant l'éthylène doit descendre jusque près du fond du matras et celui qui amène le chlore s'arrêter à la base du col, de façon à ce que les deux gaz se mélangent d'eux-mêmes par différence de densité ; enfin la troisième ouverture livre passage à un tube qui conduit l'excès des gaz non utilisés dans une lessive de potasse ou dans une cheminée (fig. 67).

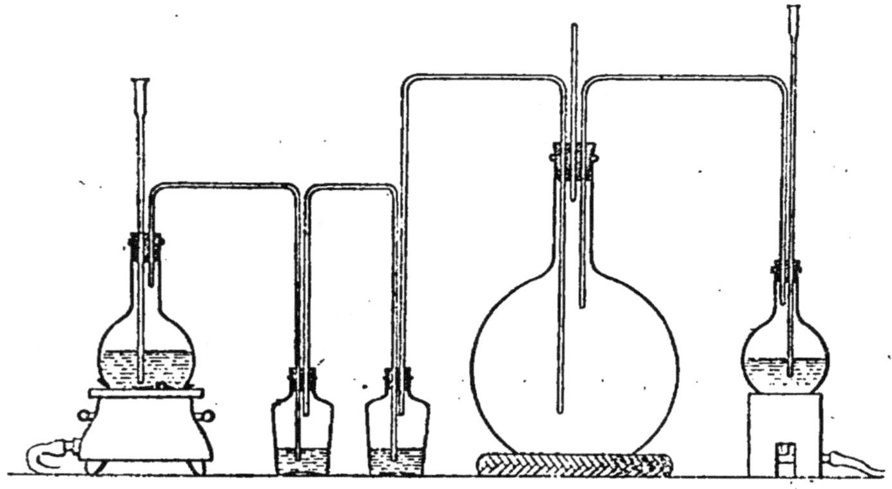

Fig. 67. — Préparation du chlorure d'éthylène.

Le chlorure d'éthylène se condense dans le matras ; quand on en a obtenu une quantité suffisante, on l'agite dans un petit flacon avec une solution de potasse qui s'empare du chlore en excès, puis avec de l'eau pure ; alors on décante, on sèche avec quelques fragments de chlorure de calcium fondu et finalement on distille le produit clair à température fixe (84°).

Remarque. — On peut simplifier la disposition que nous venons de décrire en envoyant le courant d'éthylène directement dans l'appareil à chlore, qui doit dans ce cas être à peine chauffé. Le chlorure d'éthylène qui se forme reste sur place ; quand la réaction est finie, ce dont on s'aperçoit à ce que le mélange est à peu près décoloré, on distille, puis on décante et on termine comme ci-dessus.

228. Préparation du bromure d'éthylène. — On envoie un courant d'éthylène, jusqu'à décoloration complète, dans du brome maintenu à une température voisine de 30 degrés. Pour ne pas être incommodé par les vapeurs qui se dégagent, on fait la réaction dans un petit flacon laveur, maintenu par un bain d'eau à température constante et communiquant avec un autre laveur à potasse caustique.

Le bromure d'éthylène est purifié par agitation avec une lessive alcaline et avec un excès d'eau, puis séché et rectifié; à l'état pur il doit bouillir à 131 degrés.

229. Préparation de l'acétylène. — Dans un petit col droit bien sec, de 125 centimètres cubes de capacité et muni d'un bouchon à deux trous, on introduit 10 grammes de carbure de calcium concassé, sur lequel on laisse couler goutte à goutte de l'eau ordinaire, au moyen d'un tube à robinet. Le gaz est recueilli sur le mercure ou sur l'eau salée (fig. 68).

Si l'on dispose d'un appareil de Jungfleisch on pourra aussi préparer l'acétylène en partant de l'acétylure cuivreux, que l'on décomposera dans un petit ballon par l'acide chlorhydrique étendu, à l'ébullition.

On reconnaîtra la production de l'acétylène dans les combustions incomplètes en versant quelques gouttes de chlorure cuivreux ammoniacal dans une éprouvette mouillée intérieurement d'éther que l'on enflamme au moment même de l'expérience; ou encore en faisant passer dans le même réactif, à l'aide d'un aspirateur, les gaz contenus dans la flamme d'un bec de Bunsen, écrasée par un fourneau de pipe. Il est même possible, de cette façon, avec un simple brûleur de Bunsen convenablement réglé, une pipe en terre et un laveur à chlorure cuivreux ammoniacal, de préparer une quan-

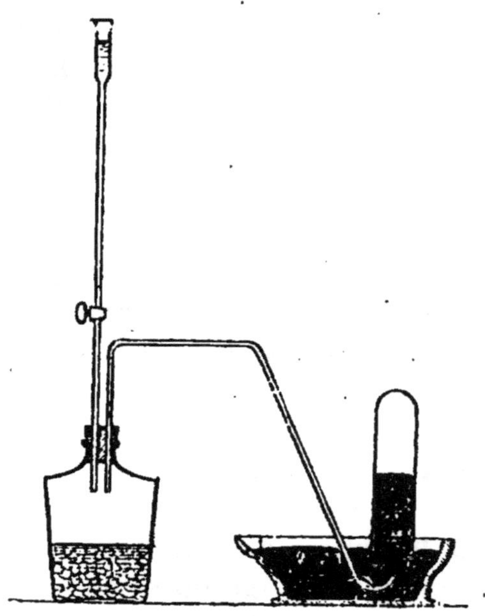

Fig. 68. — Préparation de l'acétylène.

tité d'acétylure de cuivre suffisante pour en tirer ensuite de l'acétylène pur.

On reconnaitra les principales réactions de ce gaz et en particulier sa polymérisation par la chaleur, dans une cloche courbe reposant sur la cuve à mercure.

Remarque. — L'acétylène détone violemment à l'approche d'une flamme lorsqu'il est mélangé avec un excès d'air ou d'oxygène : l'éprouvette dans laquelle on fait l'expérience peut être brisée et il est prudent de prendre à l'avance toutes les précautions nécessaires pour n'être pas atteint par ses débris.

230. Préparation du diiodoforme. — Dans un ballon de 250 centimètres cubes on introduit 5 grammes de carbure de calcium en poudre et 10 grammes d'iode, puis 100 centimètres cubes de benzène pur, et on verse goutte à goutte de l'eau, en agitant; quand la réaction est finie, on porte à l'ébullition, puis on décante, on agite la solution benzénique avec une solution étendue de potasse et on évapore sur le bain-marie dans une petite capsule en porcelaine : le diiodoforme cristallise en belles aiguilles jaunes, qui sont souvent souillées de diiodacétylène reconnaissable à son odeur irritante; on le purifie par une seconde cristallisation dans le benzène bouillant.

231. Préparation de l'alcool. — Dans un flacon de 2 à 3 litres de capacité, on introduit 1 ou 2 litres d'une solution de glucose à 15 0/0, puis une centaine de grammes de levure de bière, délayée dans un peu d'eau. Après quelques heures la fermentation se déclare; quand elle est terminée, après deux ou trois jours, on décante le liquide et on distille, en présence d'un peu de paraffine pour éviter la mousse, en recueillant un volume de liquide égal à la moitié environ de celui d'où l'on est parti; on rectifie enfin, à l'aide d'un tube de Le Bel et Henninger, en recueillant seulement ce qui passe de 78 à 80 degrés (fig. 69).

Pour avoir de l'alcool absolu, on laisse digérer le liquide précédent sur un peu de baryte anhydre, pendant un jour ou deux, puis on distille à nouveau, sur le bain-marie. Il est bon alors d'opérer sous pression réduite, dans un vide partiel, pour assurer la distillation du liquide qui imprègne les fragments poreux de la baryte en excès.

Quand l'alcool d'où l'on part est déjà très concentré, quand, par exemple, il marque 98° à l'alcoomètre de

Gay-Lussac, il suffit pour l'amener à l'état absolu d'y

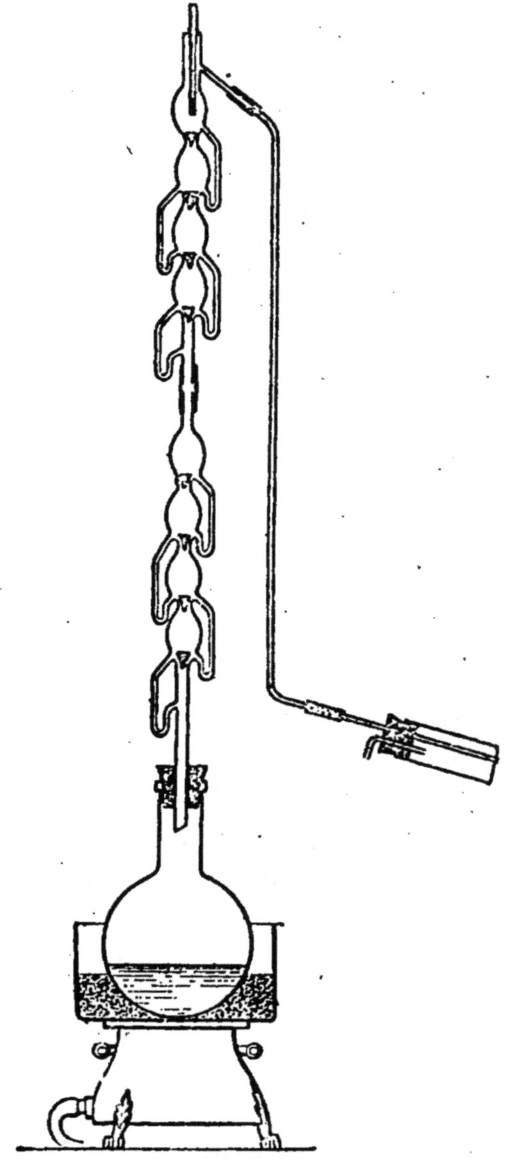

Fig. 69. — Rectification de l'alcool.

faire dissoudre un fragment de sodium et de distiller

à nouveau. Il est prudent d'effectuer toutes ces distillations dans des appareils en métal, par exemple dans des bouteilles à mercure.

232. Préparation de l'aldéhyde méthylique (*formol*). — Dans un tube en verre vert, chauffé au rouge très sombre et contenant de la tournure de cuivre, fortement tassée sur une longueur de quelques centimètres, on fait passer un mélange d'air et de vapeurs d'alcool méthylique, obtenu en dirigeant, par une soufflerie, un courant d'air ordinaire dans un flacon laveur à moitié rempli d'esprit de bois tiède. L'alcool méthylique s'oxyde avec dégagement de chaleur en passant sur le cuivre et se transforme en un mélange d'acide carbonique, de vapeur d'eau et d'aldéhyde formique, que l'on condense dans un réfrigérant fortement refroidi.

En évaporant dans une capsule, sur le bain-marie, une pareille solution d'aldéhyde formique avec un excès d'ammoniaque, on obtient un corps blanc, cristallisé, qui répond à la formule $C^6H^{12}Az^4$ et est connu sous le nom de *méthylènamine*.

On vérifiera que le produit obtenu possède bien les propriétés des aldéhydes en le faisant agir sur une solution ammoniacale de nitrate d'argent, qu'il réduit à l'état métallique.

233. Préparation de l'aldéhyde ordinaire. — Dans un ballon de 2 litres, chauffé au bain-marie vers 50 degrés, on introduit 200 grammes de bichromate de potasse et un peu d'alcool, puis on y adapte un bouchon à deux trous, livrant passage à une colonne de Le Bel et Henninger (10 boules au moins) et à un tube à brome, puis on laisse couler goutte à goutte, à l'aide de celui-ci, un mélange préparé à l'avance de

20 parties d'acide sulfurique et 80 parties d'alcool à 20 0/0.

L'aldéhyde formée distille et est recueillie à l'extrémité du réfrigérant, que l'on doit maintenir à une température aussi basse que possible. Si le produit n'est pas immédiatement pur, on le rectifiera à nouveau, toujours avec la colonne, en recueillant ce qui passe à 21 degrés.

Avec l'aldéhyde ordinaire il est facile de vérifier toutes les réactions caractéristiques des aldéhydes en général.

234. Préparation du glucose. — On délaye 100 gr. d'amidon dans une petite quantité d'eau, puis on fait couler cette bouillie claire, en agitant, dans un ballon renfermant un litre d'eau, acidulée par 50 grammes d'acide sulfurique. On maintient au bain-marie, vers 100 degrés, jusqu'à ce que le liquide soit devenu clair et qu'il ne se colore plus en bleu par l'iode, puis on sature par de la craie en poudre ou mieux du carbonate de baryum, que l'on ajoute peu à peu et en agitant, on filtre et on évapore la liqueur, qui doit être *absolument neutre* au tournesol, jusqu'à consistance de sirop épais; on laisse alors refroidir, on introduit dans la masse quelques parcelles de glucose solide préparé à l'avance et on abandonne à la cristallisation spontanée, qui se fait attendre quelquefois plusieurs jours.

Les cristaux, toujours très petits, doivent être essorés par le vide ou sur des plaques poreuses, en plâtre ou en porcelaine dégourdie.

On vérifiera que le glucose réduit à chaud la liqueur de Fehling et le nitrate d'argent ammoniacal; enfin on pourra le transformer en *glucosazone* $C^{18}H^{22}Az^{4}O^{4}$ en le chauffant à 100°, sur le bain-marie, avec une solution d'acétate de phénylhydrazine. La phénylglucosazone qui se forme ainsi est un corps jaune, presque insoluble dans l'eau, qui présente au microscope l'aspect de fines aiguilles réunies en faisceaux.

235. Préparation du sucre. — On exprime des betteraves à sucre, de manière à recueillir 2 ou 3 litres de jus, puis on ajoute à celui-ci 100 à 150 grammes de chaux vive, préalablement éteinte et délayée dans un peu d'eau, on porte à 80 degrés dans une capsule de porcelaine et on fait passer dans le mélange un courant d'anhydride carbonique jusqu'à ce qu'il ne manifeste plus sensiblement de réaction alcaline; alors on filtre et on recommence la même opération en ne mettant plus, cette fois, que 5 grammes de chaux par litre de liquide.

La liqueur filtrée est alors concentrée sur le bain-marie, décolorée, s'il y a lieu, par un peu de noir animal en poudre, et amenée à l'état de sirop épais, que l'on délaye dans une petite quantité d'alcool et qu'on ensemence avec une parcelle de sucre ordinaire en poudre. La cristallisation se produit rapidement; on purifie la matière en la lavant à l'alcool ou en la faisant recristalliser dans l'eau, toujours en présence d'alcool. On vérifiera que le produit n'a d'action sur la liqueur de Fehling qu'après avoir été chauffé avec un acide étendu et qu'il donne avec l'acétate de phénylhydrazine la même réaction que le glucose.

236. Préparation de l'amidon. — On commence par préparer une pâte épaisse et bien plastique avec de la farine et de l'eau, puis on malaxe cette pâte sous un mince filet d'eau, en se plaçant au-dessus d'un tamis très fin, reposant lui-même sur une terrine ou un cristallisoir : l'amidon est entraîné par l'eau et bientôt il ne reste plus entre les doigts qu'une masse élastique et translucide de gluten. Le liquide trouble qui a passé à travers les mailles du tamis dépose rapidement l'amidon qu'il renferme; on le purifie par une suite de délayages et de décantations.

On s'assurera que l'amidon ainsi préparé donne de l'empois avec l'eau bouillante et qu'il se colore en bleu par l'iode.

On pourra préparer la fécule de la même manière, en lavant sur un tamis des pommes de terre râpées.

L'amidon ou la fécule ainsi préparés seront ensuite transformés en glucose (§ 234).

237. Préparation de l'acide formique. — On distille, dans une cornue tubulée, un mélange de glycérine et d'acide oxalique, en proportions sensiblement égales, en ayant soin seulement de ne pas atteindre la température à laquelle la glycérine se transforme en acroléine (fig. 70). Quand la réaction est finie, on introduit

Fig. 70. — Préparation de l'acide formique.

par la tubulure de la cornue une nouvelle dose d'acide oxalique égale à la première et on recommence.

On obtient ainsi de l'acide formique étendu, renfermant près de 50 0/0 d'eau; pour le concentrer, il suffit de le distiller, *dans le vide*, avec de l'acide sulfurique ordinaire (fig. 71).

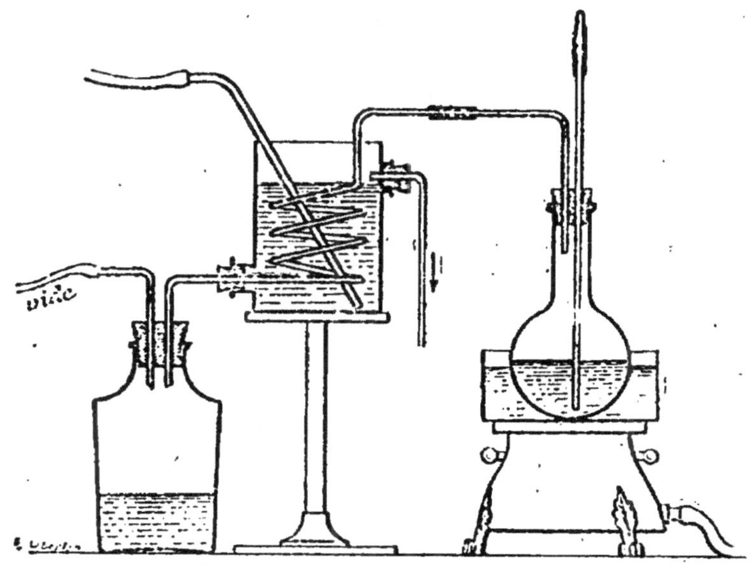

Fig. 71. — Concentration de l'acide formique.

En saturant l'acide formique avec de la litharge ou de la céruse, on aura du formiate de plomb, qui cristallise en belles aiguilles blanches et brillantes, d'un aspect caractéristique.

On vérifiera que l'acide formique se décompose quand on le chauffe avec un excès d'acide sulfurique, en dégageant de l'oxyde de carbone.

238. Préparation de l'acide acétique. — On distille dans une cornue un mélange à parties égales d'acétate de sodium récemment fondu et d'acide sulfurique concentré.

On s'assurera que le produit obtenu cristallise par refroidissement et qu'il ne se trouble pas par addition de citrène.

On pourra s'exercer à extraire l'acide acétique du

vinaigre en saturant celui-ci par la soude, évaporant jusqu'à cristallisation et distillant enfin comme ci-dessus, avec de l'acide sulfurique.

239. Préparation des acides gras. — On saponifie une graisse naturelle quelconque en la faisant chauffer dans un ballon, au bain-marie, avec un excès d'alcali (10 grammes de soude pure, dissoute dans 25 grammes d'eau, pour 60 grammes d'huile), jusqu'à ce qu'une prise d'essai se dissolve entièrement dans l'eau ; on ajoute alors un excès d'eau acidulée par l'acide sulfurique ou l'acide chlorhydrique, de manière à précipiter les acides gras de leurs savons. On décante la couche huileuse qui surnage, on l'agite avec un excès d'eau et finalement on dessèche en maintenant à l'étuve ou sur un bain-marie pendant quelques heures.

Les huiles donnent ainsi de l'acide oléique à peu près pur, qui reste liquide après refroidissement; les graisses animales fournissent un mélange d'acide palmitique, d'acide stéarique et d'acide oléique qui est solide à la température ordinaire. Tous ces produits sont d'ailleurs solubles dans l'alcool bouillant, ainsi que dans les lessives alcalines, qui les changent en savon.

Remarque. — La saponification des graisses est assez lente lorsqu'on opère avec des dissolutions aqueuses de potasse ou de soude; on peut rendre l'opération beaucoup plus rapide en ajoutant de l'alcool, que l'on chasse ultérieurement par l'ébullition.

240. Préparation du savon. — On saponifie comme ci-dessus une graisse quelconque par une lessive de soude à 30 0/0, en remplaçant l'eau qui s'évapore et jusqu'à ce que la matière soit devenue entièrement soluble dans l'eau ; puis on ajoute une solution saturée de sel marin, qui sépare le savon formé.

Celui-ci se rassemble à la surface du liquide chaud, sous la forme d'une masse huileuse, qui se solidifie par refroidissement.

Si l'on remplaçait la soude par la potasse, on aurait un savon mou, semblable au savon noir du commerce.

241. Préparation de l'acide oxalique. — On chauffe dans un ballon 50 grammes de sucre avec 100 centimètres cubes d'eau et 200 grammes d'acide azotique ordinaire, jusqu'à ce qu'il commence à se dégager des vapeurs rutilantes; on laisse alors la réaction s'accomplir d'elle-même ; lorsqu'elle est terminée, on concentre dans une capsule et on laisse refroidir le liquide : l'acide oxalique ne tarde pas à se déposer sous la forme de belles aiguilles blanches.

On vérifiera sur ce produit les réactions connues de l'acide oxalique, et notamment sa décomposition par l'acide sulfurique, à chaud, en oxyde de carbone et acide carbonique.

242. Préparation des éthers-sels volatils. — On les prépare à peu près tous de la même manière en distillant, dans une cornue ou dans un ballon relié à un réfrigérant, un mélange de l'alcool et de l'acide que l'on veut combiner, en parties équivalentes, avec un léger excès d'acide sulfurique, par exemple un poids égal au double de celui du mélange précédent ; c'est ainsi qu'on obtiendra très facilement les acétates, propionates ou butyrates de méthyle, d'éthyle ou de propyle.

Quelquefois on remplace l'acide que l'on veut unir à l'alcool par un de ses sels alcalins ; le meilleur moyen, par exemple, de préparer le chlorure de méthyle consiste à chauffer de l'alcool méthylique avec du sel marin (2 parties) et de l'acide sulfurique (3 parties) ; dans ce cas particulier, l'éther est gazeux et doit être recueilli après lavage dans un flacon de potasse, qui retient l'acide chlorhydrique entraîné, sur la cuve à eau.

Quand l'acide est facilement décomposable par l'acide sulfurique, on peut supprimer celui-ci : c'est ainsi qu'on prépare l'oxalate de méthyle en distillant un simple mélange à parties égales d'alcool méthylique anhydre et d'acide oxalique déshydraté : on recueille alors un produit qui cristallise en belles lamelles blanches et d'où il est ensuite facile, par saponification, d'extraire l'alcool méthylique à l'état de pureté complète.

On peut même supprimer la distillation quand l'éther que l'on veut obtenir est peu volatil : le butyrate

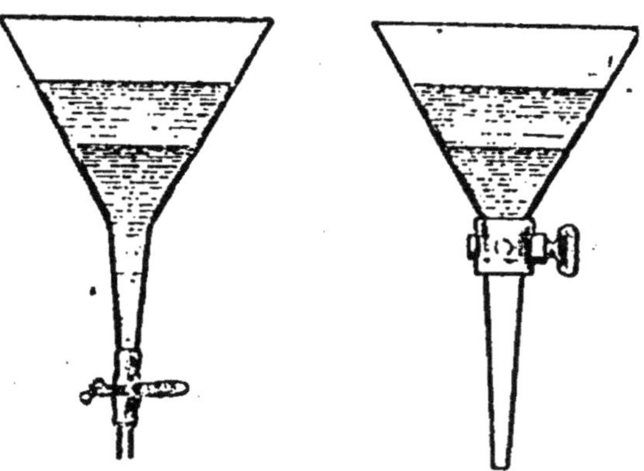

Fig. 72. — Entonnoirs à décanter.

d'éthyle se prépare en chauffant de l'alcool avec de l'acide butyrique et un excès d'acide sulfurique concentré, à une température un peu inférieure à celle de l'ébullition du mélange : l'éther cherché se réunit à la partie supérieure du liquide et peut en être séparé facilement par décantation (fig. 72).

Dans tous les cas, le produit doit être purifié par agitation avec de l'eau légèrement alcaline, puis séché avec du chlorure de calcium et distillé de nouveau à point fixe.

Les éthers-sels les plus intéressants à préparer sont l'acétate d'éthyle, le butyrate d'éthyle, l'acétate d'amyle (*essence de poires*) et le valérianate d'amyle (*essence de pommes*).

243. Ethers azotiques. — Dans le cas des éthers azotiques, la préparation doit se faire entièrement à froid ; on introduit l'alcool par petites portions à la fois et en évitant que la température ne s'élève, dans un mélange refroidi d'acide sulfurique et d'acide azotique fumant, en parties égales. On agite constamment et bientôt l'éther vient surnager ; on jette alors le tout dans un excès d'eau, pour dissoudre les acides, et on recueille le produit insoluble, qui tombe au fond ou se rassemble à la surface de l'eau, suivant sa densité. C'est ainsi qu'on prépare la nitroglycérine et le coton-poudre. Dans ce dernier cas, il n'est même pas nécessaire de prendre autant de précautions ; il suffit d'introduire l'ouate dans le mélange acide et de l'y laisser séjourner pendant quelques heures, puis enfin de laver à grande eau et de sécher à basse température.

244. Éthers iodhydriques. — Les éthers iodhydriques se préparent en traitant les alcools anhydres par le gaz iodhydrique sec ou plus simplement en ajoutant peu à peu de l'iode à l'alcool que l'on veut éthérifier, en présence de phosphore rouge.

Les trois matières doivent être employées dans les proportions indiquées par la formule générale

$$3C^nH^{2n+2}O + P + 3I = PO^3H^3 + 3C^nH^{2n+1}I.$$

Les additions d'iode doivent se faire très lentement et de façon à ne jamais produire un échauffement tel que le mélange entre en ébullition ; finalement on distille, on lave à l'eau alcaline et à l'eau pure, on sèche sur le chlorure de calcium et on rectifie s'il y a lieu.

L'iodure d'éthyle se prépare ainsi sans difficulté avec un rendement presque théorique.

245. Préparation de l'éther ordinaire. — On distille dans un ballon de 1 litre, vers 140°, un mélange de 300 grammes d'alcool et 200 grammes d'acide sulfurique concentré. La préparation peut devenir continue si, par un tube plongeant dans le mélange, on fait couler dans l'appareil un volume d'alcool égal à celui du liquide qui distille (fig. 73).

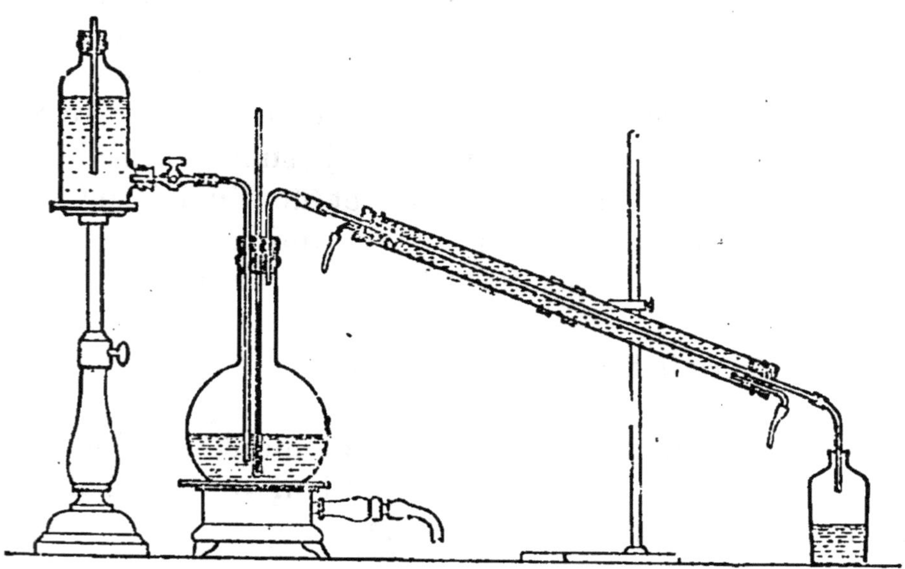

Fig. 73. — Préparation de l'éther.

Ce dernier est un mélange d'éther, d'alcool, d'eau et d'une petite quantité d'acide sulfureux; on le sature par un peu de potasse ou de chaux éteinte et on rectifie à la colonne Le Bel et Henninger, en recueillant seulement ce qui passe au-dessous de 36°.

Il ne faut pas oublier, toutes les fois qu'on a occasion de se servir d'éther, que ce liquide est éminemment inflammable et qu'il peut prendre feu, même à une assez grande distance d'un foyer quelconque.

246. Préparation de l'oxamide. — On dissout 10 grammes d'oxalate d'éthyle dans 20 centimètres cubes d'alcool, puis on ajoute un excès d'ammoniaque ordinaire, en agitant avec une baguette. L'oxamide qui se précipite est recueillie sur un filtre, puis lavée à l'eau et séchée.

On vérifiera que l'oxamide donne un dégagement de cyanogène quand on la chauffe dans un tube à essai avec deux fois son volume d'anhydride phosphorique.

247. Préparation de l'urée. — On commence par préparer du cyanate de potassium en oxydant du ferrocyanure de potassium par le minium : pour cela, on fait fondre dans un creuset 8 parties de ferrocyanure anhydre avec 3 parties de potasse caustique, puis on ajoute, par petites portions à la fois et en agitant avec une tige de fer, 15 parties de minium ; on laisse alors le plomb se déposer au fond du creuset et on décante le cyanate fondu qui surnage.

On dissout alors 10 grammes de cyanate de potassium dans une petite quantité d'eau chaude ; on ajoute 8 grammes de sulfate d'ammoniaque et on évapore le mélange jusqu'à sec, au bain-marie, dans une capsule de porcelaine.

Finalement, on traite par l'alcool bouillant, qui ne dissout que l'urée et laisse un résidu sulfate neutre de potassium. La dissolution abandonnée à elle-même dépose de belles aiguilles d'urée.

On s'assurera que le produit dégage de l'azote au contact des hypobromites alcalins.

248. Préparation du cyanogène. — On chauffe du cyanure de mercure bien sec dans une cornue de verre peu fusible : le gaz qui se dégage est recueilli sur la cuve à mercure.

On remarquera la formation simultanée de paracyanogène qui reste dans la cornue sous forme d'une masse friable brune et on vérifiera que le gaz cyanogène donne naissance à du bleu de Prusse quand on traite ses solutions alcalines, d'abord par un sel ferroso-ferrique (on emploie souvent à cela les vieilles dissolutions de sulfate de fer), puis par l'acide chlorhydrique en excès.

249. Préparation du nitrile formique. — On introduit dans un ballon 150 grammes de ferrocyanure de potassium pulvérisé, 220 grammes d'eau et 160 grammes d'acide sulfurique, puis on y fixe une colonne de Le Bel et Henninger à 12 boules, communiquant elle-même avec un réfrigérant refroidi par un rapide courant d'eau (à 15° au plus), et on chauffe au bain de sable jusqu'à ce que le liquide entre en ébullition (fig. 74).

Si l'on règle le feu de manière à ce que la température au sommet de la colonne ne dépasse pas 26° à 27°, on recueille à la sortie du réfrigérant de l'acide cyanhydrique presque pur, ne renfermant que 2 0/0 d'eau environ.

On n'oubliera pas que ce corps est l'un des plus violents poisons que l'on connaisse et l'on aura soin de prendre toutes les précautions nécessaires pour éviter son contact et n'avoir même pas à respirer ses vapeurs, en cas de rupture des appareils.

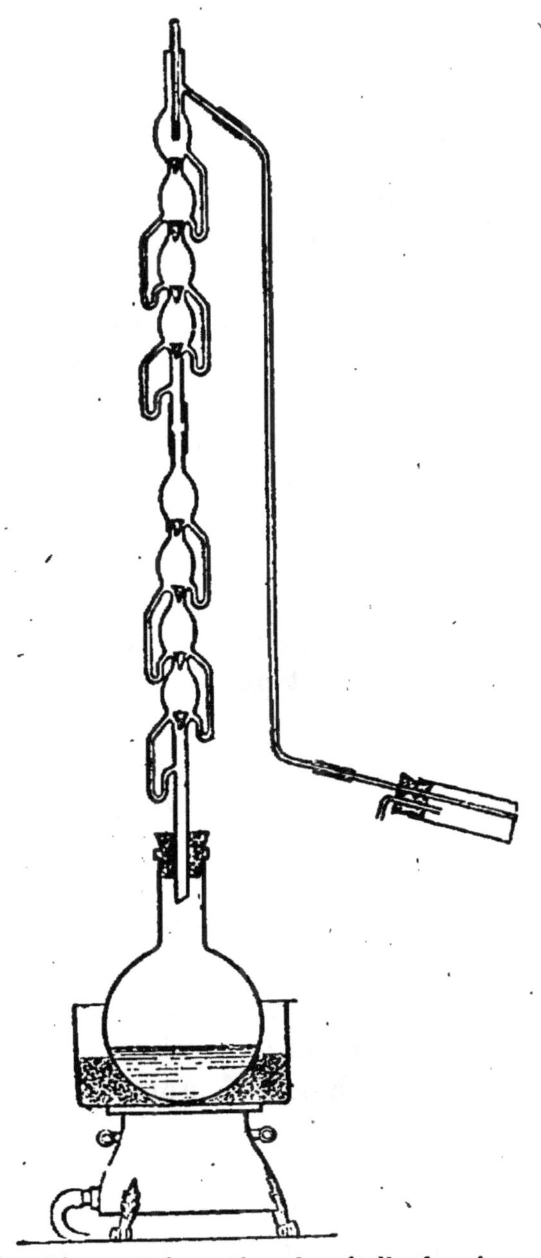

Fig. 74. — Préparation du nitrile formique.

On pourra le transformer en bleu de Prusse par la

méthode indiquée plus haut au sujet du cyanogène et vérifier qu'il brûle à l'air avec une flamme rose caractéristique.

250. Préparation du benzène par l'acétylène. — On fait passer lentement (une bulle par seconde) un courant d'acétylène sec dans un tube à analyse de 1 mètre de longueur environ, que l'on maintient sur une grille à une température voisine du rouge sombre, et on condense les produits formés dans un tube en U, refroidi par de la glace ou mieux un mélange de glace et de sel marin. On doit prendre soin de régler la chauffe du tube de manière à ce que son extrémité ne soit pas à plus de 100° : la majeure partie des goudrons restent alors dans son intérieur et le benzène seul va se condenser dans le tube froid, sous la forme d'une masse cristalline presque incolore.

On constatera que le produit ainsi obtenu est bien du benzène en le traitant par l'acide azotique fumant, qui le change en nitrobenzène d'odeur caractéristique.

On pourra même pousser la démonstration plus loin encore en distillant ce nitrobenzène synthétique avec un peu de zinc et d'acide acétique, de manière à le transformer en aniline, qui donne avec le chlorure de chaux une coloration violette intense.

251. Préparation du benzène par l'acide benzoïque. — On distille, vers le rouge sombre, dans une cornue en grès munie d'un bon réfrigérant, un mélange à poids égaux d'acide benzoïque et de chaux vive, finement pulvérisés.

Après dessiccation et rectification, le benzène ainsi obtenu est chimiquement pur, tandis que celui du commerce est généralement souillé de *thiophène* C^4H^4S.

252. Préparation du nitrobenzène. — Dans un verre renfermant 50 grammes de benzène on verse peu à peu et en agitant un mélange à volumes égaux d'acide azotique fumant et d'acide sulfurique concentré. L'opération est terminée quand une nouvelle addition d'acide n'élève plus sensiblement la température de la masse; elle doit être conduite assez lentement pour que cette élévation de température n'arrive pas à déterminer l'ébullition du benzène.

Pour finir on jette le mélange dans un excès d'eau, on recueille à l'aide d'une pipette ou d'un entonnoir à robinet le nitrobenzène qui se précipite au fond, on lave à l'eau alcaline, puis à l'eau pure, enfin on sèche sur du chlorure de calcium et on distille, en recueillant ce qui passe vers 205 degrés.

En faisant bouillir ce nitrobenzène avec un excès du mélange acide employé à sa préparation, on le transformera sans peine en binitrobenzène, qui cristallise dans l'alcool en belles aiguilles, formées surtout du dérivé méta.

Le nitrobenzène ainsi préparé servira plus tard à la fabrication de l'aniline.

253. Préparation de l'acide picrique. — On dissout à chaud, sur le bain-marie, 30 grammes de phénol pur dans une égale quantité d'acide sulfurique concentré, puis on laisse refroidir, on ajoute 200 grammes d'acide azotique étendu (à 50 0/0 environ de AzO^3H) et on chauffe à nouveau, d'abord très légèrement; il se déclare bientôt une réaction énergique que l'on achève en maintenant à l'ébullition tant qu'il se dégage des vapeurs rutilantes.

L'acide picrique formé cristallise par refroidissement; on le purifie en le soumettant à une seconde cristallisation dans l'eau chaude.

En ajoutant un léger excès de potasse à une solution concentrée et bouillante de ce corps on verra se produire un précipité de picrate de potassium, qui est soluble dans l'eau chaude et cristallise par refroidissement en superbes aiguilles jaunes, irisées, d'un aspect caractéristique.

Le picrate de potassium détone avec violence au contact d'une flamme, en répandant une odeur cyanhydrique.

254. Préparation de l'aldéhyde benzoïque. — 1° *Par les amandes amères.* — On broie finement des amandes amères avec un peu d'eau, de manière à obtenir une pâte semi-fluide, que l'on abandonne à elle-même pendant une heure au moins, pour donner à l'émulsine le temps d'agir sur l'amygdaline et de mettre en liberté l'aldéhyde benzoïque; ensuite on ajoute dix volumes d'eau et on distille, de préférence au bain d'huile ou de paraffine : l'aldéhyde benzoïque, entrainée par la vapeur d'eau, se condense sous la forme de gouttelettes huileuses, que l'on sépare à l'aide d'une pipette et que l'on rectifie.

Le produit ainsi obtenu renferme toujours un peu de nitrile formique.

2° *Par le chlorométhylbenzène.* — On prépare d'abord du chlorométhylbenzène en faisant passer un courant de chlore sec dans du toluène bouillant et éclairé, s'il est possible, par la lumière directe du soleil, puis on fait bouillir ce corps pendant 2 heures, dans un ballon muni d'un réfrigérant à reflux, avec une fois et demie son poids d'azotate de plomb et 10 parties d'eau. On distille alors et on recueille l'aldéhyde formée comme précédemment.

On constatera que ce produit possède toutes les propriétés des aldéhydes et qu'il se transforme par oxy dation en acide benzoïque.

255. Préparation de l'acide benzoïque.— On fait bouilli jusqu'à décomposition complète, dans le même ap pareil que ci-dessus, 10 grammes de chlorométhyl benzène avec 30 grammes d'acide azotique ordinair et 20 grammes d'eau ; l'acide benzoïque se sépare pen dant le refroidissement du mélange, on le purifie pa essorage et cristallisation dans l'eau bouillante.

Le chlorométhylbenzène peut être remplacé pa l'aldéhyde benzoïque : la préparation est alors beau coup plus rapide.

256. Préparation des phtaléines. — 1° *Phtaléine d phénol.* — On chauffe vers 120 degrés pendant a moins 2 heures, dans une fiole à fond plat, un mélang de 20 grammes de phénol avec 10 grammes d'anhydrid phtalique et autant d'acide sulfurique concentré pur

Après refroidissement on traite par l'eau, on fai bouillir jusqu'à ce que l'odeur du phénol ait sensible ment disparu, on filtre et on redissout le résid insoluble dans la soude étendue : on obtient ainsi un liqueur rouge d'où l'acide chlorhydrique en léger exce précipite à nouveau la phtaléine, mélangée avec quel ques substances résineuses.

Les dissolutions alcooliques de phtaléine du phéno peuvent remplacer la teinture de tournesol dans l recherche des acides et des bases ; cette substance es en effet incolore en présence des acides et rouge e présence des alcalis.

2° *Phtaléine de la résorcine (fluorescéine).* — O chauffe pendant quelques minutes vers 150 degrés u mélange de 7 parties de résorcine avec 5 parties d'anhydride phtalique et autant d'acide sulfurique, puis on laisse refroidir et on traite par l'eau chaude pour éliminer la résorcine et les acides en excès. Le résidu insoluble est alors traité par une solution de soude qui s'empare de la fluorescéine, puis précipité à nouveau par l'acide sulfurique, en léger excès; enfin on agite avec de l'éther et on évapore la solution éthérée de fluorescéine jusqu'à sec, dans une petite capsule, sur le bain-marie.

La fluorescéine se dissout en jaune orangé dans les liqueurs alcalines et montre alors une superbe fluorescence verte.

Ses solutions dans l'acide acétique donnent avec le brome une belle matière colorante rouge connue sous le nom d'*éosine*, qui est en réalité la tétrabromofluorescéine.

257. Préparation de l'aniline. — On distille, dans une cornue tubulée de 500 centimètres cubes, un mélange de 50 grammes de nitrobenzène avec autant d'acide acétique ordinaire et environ 60 grammes de limaille de fer.

La distillation doit être conduite lentement et jusqu'à dessiccation du résidu; on aura soin d'éteindre le feu si la réaction devient trop rapide au début.

L'aniline entraînée par la vapeur d'eau est séparée par décantation, puis séchée sur du chlorure de calcium et rectifiée, s'il y a lieu, à température fixe (182 degrés).

En dissolvant l'aniline ainsi préparée dans l'acide sulfurique ou l'acide chlorhydrique étendus et évaporant la liqueur, on obtiendra le sulfate ou le chlorhydrate d'aniline à l'état cristallisé; en ajoutant une goutte d'aniline à une solution étendue de chlorure de chaux on verra se produire une coloration violette caractéristique; enfin, en traitant le sulfate d'aniline, en dissolution très étendue et légèrement acidulée, par le bichromate de potassium, on sentira se développer l'odeur pénétrante de la quinone, en même temps qu'il se précipitera du *noir d'aniline*.

258. Préparation de la toluidine. — Elle s'effectue exactement de la même manière que pour l'aniline et fournit un mélange d'ortho et de paratoluidine ; celle-ci se dépose à l'état cristallisé quand on soumet le produit brut à l'action d'un mélange réfrigérant.

259. Préparation de la fuchsine. — On chauffe dans un matras d'essayeur, à l'ébullition, un mélange d'aniline et de toluidine ordinaire (renfermant de la paratoluidine), ou plus simplement l'*aniline pour rouge* du commerce, avec environ la moitié de son poids de tétrachlorure d'étain anhydre; peu à peu la masse se colore en rouge.

Quand l'intensité de la coloration paraît suffisante, on laisse refroidir et on traite le résidu par l'alcool, qui s'empare de la fuchsine formée; avec la solution rouge ainsi obtenue et convenablement étendue d'eau bouillante on pourra teindre un fragment d'étoffe de laine ou de soie.

260. Préparation du violet et du bleu d'aniline. — Dans une petite fiole à fond plat de 100 centimètres cubes de capacité on fait bouillir doucement un mélange de 20 grammes d'aniline avec 1 gramme de fuchsine cristallisée, 1 gramme d'acétate de sodium fondu et 2 grammes d'acide acétique; eu à peu la couleur de la masse, primitivement rouge, passe au violet et finalement au bleu pur.

En prélevant toutes les dix minutes, ar exemple,

un centimètre cube du mélange, on aura une série de matières colorantes qui, dissoutes dans l'alcool étendu, pourront donner, sur soie ou sur laine, toute une gamme de nuances intermédiaires entre le rouge et le bleu, y compris le *violet impérial rouge* et le *violet impérial bleu* du commerce.

261. Préparation du bleu de diphénylamine. — On chauffe doucement, dans une petite fiole à fond plat, un mélange à parties égales de diphénylamine et d'acide oxalique; la masse ne tarde pas à devenir bleu intense. On laisse alors refroidir et on reprend par l'alcool qui s'empare de la matière colorante.

La dissolution, légèrement acidulée par l'acide chlorhydrique, pourra servir à teindre des échantillons de laine ou de soie.

262. Synthèse de l'indigotine. — Dans un matras d'essayeur, on fait bouillir rapidement un mélange de 5 grammes d'acide monochloracétique avec 30 grammes d'aniline, jusqu'à ce que la masse se soit épaissie et qu'il ne se dégage plus sensiblement de vapeurs d'aniline ni d'acide chlorhydrique. On laisse alors refroidir et on ajoute au résidu, qui est essentiellement formé de phénylglycocolle, 15 grammes de potasse caustique concassée et environ 2 centimètres cubes d'eau : on chauffe alors de nouveau, de manière à fondre toute la masse, qui ne tarde pas à devenir homogène, et on fait bouillir jusqu'à ce que le mélange ait pris une teinte nettement orangée.

Après refroidissement, on reprend par l'eau et on fait passer un courant d'air dans le liquide : l'indigotine se précipite sous la forme de flocons bleus qu'on rassemble sur un filtre et qu'on lave à l'eau distillée.

On s'assurera que le produit est bien de l'indigotine

en le dissolvant, après dessiccation, dans l'acide sulfurique de Nordhausen.

263. Teinture en bleu d'indigo. — Dans un flacon bien clos, on laisse digérer de l'indigo commercial, préalablement réduit en poudre fine, dans une dissolution d'hydrosulfite de sodium, puis on décante la liqueur jaune qui surnage, on l'étend d'eau, on y plonge un fragment d'étoffe de laine et on porte à l'ébullition : quand l'intensité de la nuance parait suffisante, on lave à grande eau.

On arrive plus vite au même résultat en partant de la teinture d'indigo (dissolution d'indigo dans l'acide sulfurique fumant), que l'on décolore, au moment même de l'expérience, par la quantité juste nécessaire d'hydrosulfite de sodium ou même d'acide hydrosulfureux libre. On obtient ainsi instantanément une dissolution d'indigo blanc, dont on pourra se servir ainsi qu'il a été dit ci-dessus.

APPENDICE

ANALYSE QUANTITATIVE PAR PRÉCIPITATIONS ET PESÉES

264. Généralités. — Ainsi que nous l'avons déjà fait remarquer, le principe sur lequel reposent la plupart des méthodes d'analyse quantitative consiste à amener la substance que l'on veut doser à un état qui lui permette de se séparer d'elle-même de tous les corps qui l'accompagnent, sous la forme, par exemple, d'une combinaison insoluble.

Si cette combinaison est chimiquement définie, il suffira d'un simple calcul de proportion pour déduire de son poids la quantité de l'élément que l'on recherche.

Pour arriver à ce résultat, il suffit de traiter la matière par un réactif qui la précipite *seule* et *complètement :* on recueille alors le précipité sur un filtre et on le pèse.

Ce sont ces deux dernières opérations qui constituent la partie la plus délicate de l'analyse quantitative et auxquelles, par conséquent, il convient d'apporter le plus de soins.

La filtration doit se faire sur un très petit filtre, avec ou sans plis, de 6 centimètres environ de diamètre, que l'on place dans un entonnoir *évasé*, choisi de façon à ce que les bords du filtre dépassent ceux du verre de 2 à 3 millimètres au plus. Le papier du filtre doit être choisi sans défaut et aussi pur que possible, ne laissant après combustion qu'une quantité négligeable de cendres; on trouve d'ailleurs dans le commerce des papiers à filtrer pour analyse qui ont été traités à l'acide chlorhydrique, ou même à l'acide fluorhydrique, et qui ne renferment sensiblement plus de matières minérales.

Si le liquide qui s'écoule n'est pas absolument clair, on le fait repasser sur le filtre jusqu'à ce qu'il soit d'une limpidité parfaite, et souvent on n'arrive à réaliser cette condition qu'après avoir fait bouillir à l'avance la liqueur trouble pendant quelque temps : les précipités prennent ainsi plus de cohésion et sont mieux retenus par les pores du filtre. Il n'y a d'ailleurs aucun inconvénient à filtrer le liquide encore chaud, si le précipité que l'on veut recueillir est complètement insoluble; l'opération n'en est que plus rapide.

Il faut ensuiter séparer du précipité toutes les matières solubles qui l'imprègnent; pour cela, on *lave* le filtre en le remplissant d'eau distillée à plusieurs reprises (8 à 10 fois), et cela jusqu'à ce qu'une goutte du liquide filtré ne laisse plus de résidu solide lorsqu'on l'évapore sur une lame de platine ou une plaque de verre. Il faut attendre, pour remettre de l'eau sur le filtre, que la charge précédente se soit entièrement écoulée.

Lorsque le lavage est terminé, on porte l'entonnoir avec son filtre dans une étuve chauffée à 100 degrés ou 110 degrés; enfin, lorsque le tout est sec et si le le précipité est indécomposable par la chaleur, on calcine le filtre et son contenu au rouge sombre, dans une capsule de platine que l'on a tarée à l'avance. L'incinération doit être assez complète pour que le résidu ne renferme plus aucune particule charbonneuse:

Il suffit alors de peser à nouveau la capsule pour connaître le poids du précipité contenu dans le filtre ; on en retranchera, s'il y a lieu, le poids des cendres que laisse un filtre semblable à celui que l'on a employé.

Quand le précipité est décomposable par la chaleur, on le pèse avec son filtre, sans l'incinérer, après dessiccation complète, et on retranche du poids trouvé celui du filtre, qui a dû être taré au préalable, également après dessiccation.

Le papier étant très hygrométrique, il est nécessaire alors d'enfermer le filtre, au sortir de l'étuve, dans un tube bouché en verre, que l'on ferme ensuite hermétiquement et dont on connaît exactement le poids vide.

Cette méthode des filtres tarés est sensiblement moins précise que l'autre et on n'y a recours que lorsque l'incinération a été reconnue impossible.

L'analyse quantitative par pesées donne des résultats remarquablement exacts lorsqu'elle est bien pratiquée : nous allons décrire quelques-unes de ses applications, choisies parmi les plus courantes.

265. Dosage du chlore, du brome et de l'iode. — La méthode est fondée sur l'insolubilité complète des composés haloïdes de l'argent, en liqueur acide; elle exige que le chlore, le brome ou l'iode existent dans la liqueur à analyser sous forme de combinaisons binaires : sels haloïdes ou hydracides correspondants.

Si l'on voulait doser le chlore, le brome ou l'iode dans un quelconque de leurs sels oxygénés, il faudrait d'abord, par une calcination ménagée, transformer ceux-ci en chlorures, bromures ou iodures; s'il s'agissait enfin d'une combinaison organique, on devrait commencer par détruire celle-ci, de manière à mettre en liberté l'élément halogène (Voir §§ 63 et 64).

Cela posé, pour doser le chlore, le brome ou l'iode dans leurs composés binaires solubles, on ajoute au liquide quelques gouttes d'acide azotique *pur*, puis un léger excès d'azotate d'argent, qui précipite l'élément halogène à l'état de chlorure, de bromure ou d'iodure d'argent; on agite fortement, on chauffe quelques minutes vers 100 degrés, au bain-marie, pour agglomérer le précipité, et on filtre, en observant toutes les précautions indiquées ci-dessus.

Lorsque le filtre est sec, on en détache le précipité, que l'on reçoit sur une feuille de papier glacé, et on l'incinère dans une petite capsule en porcelaine de Saxe (le platine pourrait être attaqué par les parcelles d'argent métallique qui se forment, aux dépens de sa combinaison halogénée, pendant la calcination); après refroidissement, on laisse tomber sur les cendres une goutte d'acide azotique, puis une autre goutte d'acide chlorhydrique (dans le cas seulement du dosage du chlore), qui ramènent l'argent réduit à l'état de chlorure; on évapore, on calcine de nouveau, enfin on ajoute le précipité mis en réserve, on chauffe jusqu'à fusion, on laisse refroidir et on pèse.

On obtient le poids du chlore, du brome ou de l'iode en multipliant celui des composés argentiques correspondants par les nombres :

Cl...........................	0,2472
Br...........................	0,4256
I............................	0,5405

Remarque. — La même méthode peut servir au dosage du cyanogène dans l'acide cyanhydrique ou les cyanures alcalins : le précipité de cyanure d'argent doit être alors recueilli sur filtre taré, parce qu'il est décomposable par la chaleur.

266. Dosage de l'acide sulfurique. — L'acide sulfurique se dose toujours à l'état de sulfate de baryum SO^4Ba ; pour cela, on acidule la liqueur à analyser avec un peu d'acide chlorhydrique, on porte à l'ébullition et on y ajoute un léger excès de chlorure de baryum.

Il est bon de faire encore bouillir la liqueur pendant quelque temps, pour agglomérer le sulfate de baryum qui a toujours tendance à traverser les filtres.

Après lavage, on sèche, on calcine et l'on pèse; le poids d'anhydride sulfurique cherché SO^3 s'obtient en multipliant celui du sulfate de baryum trouvé par 0,3433.

Cette méthode est applicable au dosage du soufre dans tous ses composés; il est en effet possible, par oxydation, d'amener toujours le soufre à l'état d'acide sulfurique, qui est la plus stable de toutes ses combinaisons oxygénées.

Le dosage pondéral de l'acide sulfurique contenu dans les liqueurs alcalimétriques (voir § 22) est indispensable à la vérification de leur titre exact.

267. Dosage de l'acide azotique. — L'acide azotique ne donnant pas de sels insolubles ne saurait être dosé, comme l'acide sulfurique, par précipitation. Son dosage est fondé sur ce qu'il se transforme intégralement en bioxyde d'azote quand on le chauffe avec un mélange de chlorure ferreux et d'acide chlorhydrique en excès.

$$2AzO^3H + 6FeCl^2 + 6HCl = 3Fe^2Cl^6 + 4H^2O + 2AzO.$$

La quantité de bioxyde d'azote qui se dégage permet

de calculer facilement le poids de l'acide azotique d'où il provient.

L'opération s'effectue dans un petit ballon, portant un entonnoir à robinet et un tube abducteur, débouchant dans une cuve à eau; on y introduit d'abord 50 centimètres cubes d'une dissolution saturée de chlorure ferreux, puis un égal volume d'acide chlorhydrique et on porte à l'ébullition. Quand tout l'air intérieur a été chassé, on place une éprouvette au-dessus du tube abducteur et on introduit par l'entonnoir à robinet la liqueur à analyser (il ne doit s'y trouver ni carbonates, ni sulfites, ni aucune autre matière susceptible de dégager des gaz au contact de l'acide chlorhydrique chaud); le bioxyde d'azote se dégage aussitôt et va se rassembler dans l'éprouvette. Dès que l'opération est finie, on mesure son volume et on le ramène par le calcul à ce qu'il serait à 0 degré et 760 millimètres.

Sachant enfin que, dans les conditions normales, une molécule d'acide azotique, pesant 63 grammes, dégage $22^{l},3$ de bioxyde d'azote, la quantité cherchée se déduira du volume précédent par un simple calcul de proportion.

Quant au volume de l'azote contenu dans cet acide azotique, il est évidemment la moitié de celui du bioxyde d'azote recueilli.

268. Dosage de l'acide phosphorique.—L'acide phosphorique se dose toujours par précipitation, à l'état de phosphate ammoniaco-magnésien $PO^4Mg(AzH^4)+6H^2O$.

La dissolution est additionnée de citrate de magnésium et d'ammoniaque en excès, puis agitée vivement et abandonnée à elle-même pendant au moins 12 heures, temps nécessaire à la précipitation totale du phosphate ammoniaco-magnésien.

On recueille alors le précipité sur un filtre, on lave à l'eau ammoniacale (ammoniaque au dixième), on sèche à l'étuve et on incinère.

Le résidu est du pyrophosphate de magnésium $P^2O^7Mg^2$ dont le poids, multiplié par 0,6396, donne celui de l'anhydride phosphorique P^2O^5 cherché.

Remarque. — Lorsque la liqueur à analyser ne renferme pas de métaux à phosphates insolubles, on peut remplacer le citrate de magnésium par un mélange de sulfate de magnésium et de chlorhydrate d'ammoniaque, additionné toujours d'ammoniaque en excès.

269. Dosage de l'acide carbonique. — Pour doser l'acide carbonique dans un quelconque de ses sels, on décompose celui-ci par l'acide chlorhydrique, dans une petite fiole à fond plat, et on absorbe le gaz qui se dégage dans un système de tubes en tout semblables à ceux qui servent dans l'analyse organique (§ 52). Pour déplacer la totalité de l'acide carbonique produit, il est nécessaire de chauffer la fiole à l'ébullition, pendant quelques minutes, et d'y faire passer un courant continu d'air, préalablement purifié par un lavage à la potasse, pendant une demi-heure au moins.

L'augmentation de poids des tubes absorbants à potasse donne la quantité cherchée d'anhydride carbonique.

270. Dosage du potassium. — On dose le potassium dans ses composés en le précipitant, soit par le chlorure de platine, soit par l'acide perchlorique.

Dans le premier cas, il faut commencer par éliminer tous les métaux à oxydes et carbonates insolubles; pour cela, on additionne la liqueur à analyser d'eau de baryte, jusqu'à ce qu'un excès de réactif ne donne plus de précipité; on filtre, on précipite l'excès de baryte par le carbonate d'ammoniaque pur, on filtre de nouveau, puis on concentre; on ajoute au liquide un peu d'acide chlorhydrique, pour amener les bases alcalines à l'état de chlorures, on évapore jusqu'à sec et on calcine au rouge très sombre, pour volatiliser le chlorhydrate d'ammoniaque présent.

Le résidu, qui ne peut plus contenir que des chlorures alcalins fixes de potassium et de sodium, est alors repris, dans la capsule même, par une petite quantité d'eau et additionné de chlorure de platine, qui précipite le potassium à l'état de chloroplatinate $PtCl^6K^2$; on évapore sur le bain-marie jusqu'à sec, et on reprend par l'alcool, mélangé d'éther, qui s'empare de tout le chlorure de platine en excès et du chloroplatinate de sodium qui a pu se former.

Les liqueurs et le précipité sont jetés sur un filtre, qu'on lave à l'alcool éthéré et que l'on incinère comme d'habitude, après dessiccation; le résidu, lavé à l'eau distillée, est du platine pur, dont le poids permettra de calculer celui du potassium, en le multipliant par 0,402.

On pourrait aussi peser le chloroplatinate de potassium en nature, sur filtre taré; il faudrait alors, dans le calcul, remplacer le nombre précédent par 0,1608.

Pour doser le potassium par l'acide perchlorique, il suffit d'ajouter ce réactif à la dissolution, préalablement additionnée d'un peu d'alcool qui diminue encore la solubilité du perchlorate de potassium. Celui-ci est recueilli sur un filtre taré, lavé à l'alcool faible, puis enfin séché et pesé.

On obtient le poids du potassium en multipliant celui de son perchlorate par 0,2815.

271. Dosage du sodium. — Le sodium ne donnant pas de sels insolubles, il est impossible de le précipiter par aucun réactif; pour le doser, on élimine d'abord tous les métaux lourds et alcalino-terreux, comme il a été dit au paragraphe précédent à propos du dosage du potassium, puis on transforme les métaux alcalins restants en chlorures, on calcine légèrement et on pèse : on a ainsi la somme des poids du chlorure de potassium et du chlorure de sodium présents.

Cela fait, on reprend par un peu d'eau et on précipite le potassium par le chlorure de platine ou l'acide perchlorique; le poids du précipité fait connaître celui du chlorure de potassium que renfermait le mélange et enfin, par différence, celui du chlorure de sodium, d'où l'on déduit par le calcul la quantité de métal cherchée.

Remarque. — Dans les dosages de potassium et de sodium, il ne faut jamais calciner les chlorures correspondants au delà du rouge sombre : autrement, on s'exposerait à des pertes notables par volatilisation.

272. Dosage du magnésium. — Il s'effectue, comme le dosage de l'acide phosphorique, à l'état de phosphate ammoniaco magnésien.

Après avoir éliminé tous les métaux lourds, ainsi que les métaux alcalino-terreux proprement dits, par l'acide sulfhydrique, le sulfhydrate et l'oxalate d'ammoniaque, on concentre la liqueur jusqu'à un petit volume et on précipite le magnésium par le phosphate de sodium ordinaire, en présence d'un excès d'ammoniaque.

Après 12 heures au moins, on filtre et on traite le précipité comme il a été dit au paragraphe 268. Le poids du résidu de pyrophosphate magnésien, multiplié par 0,2162, donne la quantité de métal qu'il renferme.

273. Dosage du calcium. — Il s'effectue toujours à

l'état d'oxalate, à cause de l'insolubilité complète de ce composé dans l'eau ammoniacale ou acétique.

La liqueur à analyser est d'abord traitée par l'ammoniaque en léger excès, puis sursaturée d'acide acétique : on filtre s'il est nécessaire, on porte à l'ébullition et on ajoute de l'oxalate d'ammoniaque qui précipite la totalité du calcium (en l'absence supposée du strontium et du baryum). On maintient l'ébullition pendant quelque temps, pour donner plus de cohésion au précipité, on filtre, on lave à l'eau distillée, on sèche, on calcine, en ayant soin de ne pas dépasser le rouge très sombre, et on pèse.

Le résidu est du carbonate de calcium dont le poids, multiplié par 0,4, donne celui du métal.

Si la calcination a été faite à une température trop élevée, le produit est un mélange de carbonate de calcium et de chaux vive ; il faut alors reprendre par quelques gouttes de carbonate d'ammoniaque pur, évaporer à sec et peser de nouveau, ou bien transformer le tout en sulfate, par addition d'un léger excès d'acide sulfurique, évaporer doucement jusqu'à ce qu'il ne se dégage plus de fumées blanches et calciner, en allant cette fois jusqu'au rouge très vif. Le résidu est alors du sulfate de calcium SO^4Ca, dont on multipliera le poids par le coefficient 0,2941.

274. Dosage du strontium et du baryum. — Ces deux métaux sont toujours dosés à l'état de sulfates, insolubles même dans les liqueurs fortement acides.

La dissolution doit être d'abord acidulée par l'acide chlorhydrique, puis chauffée jusqu'à l'ébullition; on ajoute un léger excès d'acide sulfurique, on fait bouillir pour rendre le précipité plus dense et on termine comme pour le dosage de l'acide sulfurique (§ 266).

On obtient le poids du strontium ou du baryum en

multipliant celui de leurs sulfates par les coefficients 0,4768 ou 0,588.

275. Dosage du fer. — Il s'effectue le plus souvent à l'état de peroxyde Fe^2O^3; pour cela, on précipite la liqueur, qui doit nécessairement renfermer la totalité du fer au maximum d'oxydation, par l'ammoniaque en excès; on porte à l'ébullition, on recueille le précipité sur un filtre, on lave avec soin, on sèche, on calcine et on pèse. La filtration et les lavages sont toujours assez pénibles, à cause de l'état gélatineux du précipité; on trouve dans le commerce des papiers dits *à filtration rapide* qui facilitent beaucoup cette partie de l'opération.

La méthode exige nécessairement que le liquide à analyser ne renferme pas d'autre oxyde insoluble que le peroxyde de fer; lorsque cette condition n'est pas remplie, il est infiniment plus simple de doser le fer par liqueurs titrées, au moyen du permanganate de potassium (§ 30).

Dans tous les cas, on obtient le poids du fer cherché en multipliant celui de son peroxyde par 0,7.

276. Dosage du plomb. — La meilleure méthode consiste à précipiter ce métal par un excès d'acide sulfurique, en présence d'alcool, qui augmente notablement l'insolubilité du sulfate de plomb.

Le précipité est recueilli comme d'habitude sur un filtre, lavé à l'alcool faible, puis séché et calciné dans une capsule en *porcelaine;* il est indispensable de détacher d'abord le précipité et d'incinérer le filtre à part, de manière à éviter la réduction du sulfate par la matière organique du papier.

Le poids du plomb s'obtient en multipliant celui du sulfate par 0,6832.

277. Dosage de l'étain. — L'étain se dose dans tous ses alliages (sauf ceux qui renferment de l'antimoine) à l'état de bioxyde SnO^2. On attaque l'alliage par l'acide azotique, on évapore le liquide presque jusqu'à sec dans une capsule de porcelaine, puis on reprend par l'eau et on recueille le résidu insoluble de peroxyde d'étain sur un filtre; ensuite, on lave à l'eau distillée, on sèche et on incinère en élevant peu à peu la température jusqu'au rouge vif, dans une petite capsule en porcelaine. Comme dans le cas du sulfate de plomb, il faut séparer le précipité du filtre avant de brûler celui-ci, pour qu'il n'y ait pas réduction et production d'étain métallique.

Pour passer du poids de l'oxyde à celui du métal, il suffit de multiplier le premier par 0,7867.

278. Dosage du cuivre. — Il s'effectue le plus souvent à l'état d'oxyde CuO; pour cela, on ajoute un excès de potasse à la dissolution cuivrique bouillante et on recueille le précipité sur un filtre. Après lavage et dessiccation, on calcine, en ayant soin encore de chauffer à part le filtre et son contenu et de ne pas trop élever la température.

Le poids du métal s'obtient en multipliant celui de l'oxyde par 0,7982.

279. Dosage de l'argent. — On précipite la dissolution par un léger excès d'acide chlorhydrique, de manière à tranformer tout le métal en chlorure insoluble; il est nécessaire de faire bouillir pendant quelque temps et d'agiter à différentes reprises pour rassembler le chlorure d'argent, qui a parfois tendance à traverser les filtres.

Le précipité est soumis au traitement qui a été décrit

ci-dessus (§ 265); en multipliant son poids par 0,7526, on obtient la quantité de métal cherchée.

Il est plus simple et surtout plus rapide de doser l'argent par liqueurs titrées, ainsi qu'il a été dit au paragraphe 33.

Enfin, dans les alliages monétaires ou d'orfèvrerie, on effectue souvent aussi ce dosage par coupellation (§ 34).

280. Dosages électrolytiques. — La plupart des métaux lourds peuvent se doser par voie d'électrolyse, en décomposant par le courant électrique une quelconque de leurs dissolutions salines; on donnera seulement la préférence à celle qui donne lieu au dépôt le plus pur et le plus adhérent. L'opération est poursuivie jusqu'à ce que la décomposition du sel soit devenue totale; l'augmentation de poids de l'électrode négative, convenablement lavée et séchée, donne alors la quantité de métal contenue dans la liqueur.

L'appareil nécessaire se réduit à une simple capsule de platine, que l'on a tarée à l'avance et qui est mise en communication avec le pôle négatif d'une pile. Le liquide à analyser est introduit dans la capsule et on y fait passer le courant en employant une lame de platine comme électrode positive.

L'intensité du courant doit rester toujours assez faible pour que le dépôt métallique adhère aux parois de la capsule de platine.

Les résultats sont remarquablement exacts lorsque l'opération est bien conduite.

281. Analyse des cendres. — *Dosage de l'acide carbonique.* — On traite 1 gramme de cendres comme il a été dit au paragraphe 269.

Dosage de la silice. — On traite 1 gramme de cendres par l'acide chlorhydrique étendu, dans une capsule de porcelaine; on évapore jusqu'à sec, sur le bain-marie, puis on reprend à nouveau par l'acide chlorhydrique étendu et bouillant; le résidu insoluble de silice est jeté sur un filtre, lavé, séché et calciné dans une capsule de platine.

Dosage de l'acide sulfurique. — Le liquide provenant de l'opération précédente est traité par le chlorure de baryum, conformément aux indications du paragraphe 266.

Dosage du chlore. — On traite 1 gramme de cendres par l'acide azotique étendu, on filtre et on précipite le chlore par l'azotate d'argent (§ 265).

Dosage de l'acide phosphorique. — Dans une liqueur préparée comme celle qui a servi au dosage de l'acide sulfurique, on ajoute du citrate de magnésium et un grand excès d'ammoniaque. Le précipité de phosphate ammoniaco-magnésien qui se forme est traité comme au paragraphe 268.

Dosage du fer. — On le fera de préférence par liqueurs titrées, sur le liquide provenant de l'attaque de 1 ou 2 grammes de cendres par l'acide chlorhydrique (§ 30).

Dosage du calcium. — On précipitera le calcium à l'état d'oxalate, dans une liqueur préparée comme celle qui a déjà servi aux dosages de l'acide sulfurique et de l'acide phosphorique, en suivant les indications données au paragraphe 273.

Dosage du magnésium. — On pourra l'effectuer sur la liqueur provenant du dosage de calcium, en ayant soin de la ramener d'abord, par l'ébullition, à un petit volume, et en suivant les indications du paragraphe 272.

Dosage du potassium et du sodium. — Les métaux alcalins seront dosés ainsi qu'il a été dit précédemment (§§ 270 et 271), en partant de 1 gramme de matière.

282. Analyse de la soudure des plombiers. — Le métal, préalablement divisé, est attaqué par l'acide azotique. La liqueur trouble est évaporée à sec et le résidu repris par l'eau légèrement acidulée d'acide azotique. L'oxyde d'étain restant est recueilli sur un filtre et pesé.

Quant à la liqueur qui renferme l'azotate de plomb, on en précipite le métal par l'acide sulfurique.

283. Analyse du bronze. — En opérant comme ci-dessus, on aura encore du bioxyde d'étain insoluble, que l'on pourra peser, et une dissolution d'azotate de cuivre que l'on précipitera par la potasse en excès (§ 278).

284. Analyse du laiton. — Le métal est dissous dans l'acide azotique et le cuivre dosé par la potasse ou l'électrolyse.

Dans la liqueur restante, légèrement acidulée, on précipite le zinc à l'état de carbonate par un excès de carbonate de sodium. Après avoir fait bouillir pendant quelque temps, on recueille le précipité sur un filtre, on lave à l'eau distillée, on sèche et on calcine. Le résidu est de l'oxyde de zinc ZnO, dont le poids, multiplié par 0,8024, donne celui du métal.

285. Analyse du maillechort. — On dissout le métal, comme ci-dessus, dans l'acide azotique, on dose le cuivre dans la liqueur par électrolyse, en ayant soin de chasser d'abord la majeure partie de l'acide azotique en excès par l'ébullition, puis on précipite le nickel dans le liquide restant par la potasse bouillante, à l'état d'oxyde, et le zinc comme précédemment, par le carbonate de sodium.

L'oxyde de nickel est comme toujours recueilli sur filtre, lavé, séché, calciné et pesé ; son poids, multiplié par 0,7967, fait connaître celui du métal qu'il renferme.

EXERCICES

1. — *On demande le poids de chlorate de potassium nécessaire pour obtenir 300 litres d'oxygène, mesuré saturé de vapeur d'eau, à 15 degrés et sous la pression de 750 millimètres. La tension de la vapeur d'eau à 15 degrés est de* $12^{mm},7$.

L'équation du problème est

$$ClO^3K = KCl + 3O.$$

Elle montre qu'une molécule de chlorate de potassium, pesant $35,5 + 48 + 39 = 122^{gr},5$, donne en se décomposant $3 \times 11,15 = 33^{l},45$ d'oxygène, supposé sec, à 0 degré et sous la pression normale.

Ce volume, saturé à 15 degrés et sous la pression de 750 millimètres, serait

$$\frac{33,45 \times 760(1 + 15 \times 0,00367)}{750 - 12,7} = 36^{l},378.$$

Si donc $122^{gr},5$ de chlorate, dans les conditions indiquées, donnent $36^{l},378$ d'oxygène, il en faudra prendre, pour avoir 300 litres du même gaz, un poids égal à

$$P = \frac{122,5 \times 300}{36,378} = 1010^{gr},2.$$

2. — *On demande combien il faut prendre de zinc pour préparer l'hydrogène nécessaire à la réduction de 100 grammes de chlorure cuivrique.*

La préparation de l'hydrogène par le zinc et l'acide chlorhydrique, par exemple, est exprimée par la formule

$$Zn + 2HCl = ZnCl^2 + 2H.$$

La réduction du chlorure cuivrique, d'autre part, se représente par l'équation

$$CuCl^2 + 2H = 2HCl + Cu.$$

Ajoutons ces deux formules membre à membre, il vient

$$Zn + CuCl^2 = ZnCl^2 + Cu.$$

L'opération se réduit donc à un simple remplacement du cuivre par le zinc dans le chlorure cuivrique. Dès lors, le poids atomique du zinc étant 65 et le poids moléculaire du chlorure de cuivre

$$63{,}3 + 2 \times 35{,}5 = 134{,}3,$$

la quantité cherchée sera

$$\frac{65 \times 100}{134{,}3} = 48^{gr},4.$$

3. — *Déterminer le poids atomique du plomb, sachant qu'il se forme $0^{gr},8071$ d'eau lorsqu'on réduit 10 grammes de protoxyde de plomb pur par l'hydrogène sec. On sait que le plomb est un métal divalent.*

Le protoxyde de plomb ayant pour formule PbO, a pour poids moléculaire $x + 16$ et donne à la réduction une molécule d'eau H^2O pesant 18; on doit donc avoir

$$\frac{x+16}{18}=\frac{10}{0,8071}, \quad \text{d'où} \quad x=207.$$

4. — *Dans la paroi d'un récipient métallique contenant du gaz de la pile comprimé, on perce un trou très fin auquel on adapte un tube abducteur. On demande la composition du gaz qui se dégage au début.*

Le gaz de la pile est un mélange de 2 volumes d'hydrogène et de 1 volume d'oxygène : la pression relative de l'hydrogène y est donc double de celle de l'oxygène. D'autre part, on sait que l'oxygène est 16 fois plus dense que l'hydrogène, ce qui, d'après la loi de Graham, exige qu'il passe, sous la même pression, 4 fois moins vite que ce dernier à travers un orifice fin. L'hydrogène devra donc sortir avec une vitesse $2 \times 4 = 8$ fois plus grande que l'oxygène, d'où l'on conclut que le gaz recueilli doit contenir $\frac{8}{9}$ d'hydrogène et $\frac{1}{9}$ d'oxygène.

5.— *Dans une cloche reposant sur la cuve à mercure, on introduit d'abord 200 centimètres cubes d'eau distillée fraîchement bouillie, puis 10 centimètres cubes de gaz de la pile, supposé sec et dans les conditions normales; on agite, en maintenant toujours la pression intérieure égale à 760 millimètres et la température à 0 degré. On demande le volume et la composition du gaz restant dans la cloche quand l'eau sera saturée. Les coefficients de solubilité de l'oxygène et de l'hydrogène à 0 degré sont respectivement 0,04 et 0,019.*

Les quantités d'oxygène et d'hydrogène qui sont

absorbées par l'eau sont, d'après la loi de Henry, proportionnelles à la pression de chacun de ces deux gaz dans le mélange final.

Si nous désignons par x et y les volumes de ces gaz qui restent non dissous à la fin de l'expérience, leurs pressions relatives sont naturellement $\frac{x}{x+y}$ et $\frac{y}{x+y}$ et les volumes dissous

$$200 \times 0{,}01 \frac{x}{x+y} \quad \text{et} \quad 200 \times 0{,}019 \frac{y}{x+y}.$$

On doit donc avoir, puisque le mélange initial contenait $3^{cc},333$ d'oxygène et $6^{cc},667$ d'hydrogène :

$$200 \times 0{,}01 \frac{x}{x+y} + x = 3{,}333$$

et

$$200 \times 0{,}019 \frac{y}{x+y} + y = 6{,}667.$$

D'où l'on déduit :

$$x = 3{,}333 - 8 \frac{\frac{x}{y}}{1 + \frac{x}{y}}$$

et

(2) $$y = 6{,}667 - 3{,}8 \frac{1}{1 + \frac{x}{y}}.$$

Divisant membre à membre, on a :

$$\frac{x}{y} = \frac{3{,}333 - 8 \frac{\frac{x}{y}}{1 + \frac{x}{y}}}{6{,}667 - 3{,}8 \frac{1}{1 + \frac{x}{y}}}$$

d'où, enfin,

$$\frac{x^2}{y^2} + 1,13\,\frac{x}{y} - 0,5 = 0.$$

On tire de là

$$\frac{x}{y} = \frac{-1,13 \pm \sqrt{1,13^2 + 2}}{2}$$

dont la valeur positive 0,34 est seule admissible.

Remplaçant alors $\frac{x}{y}$ par cette valeur dans les équations (1) et (2), il vient

$$x = 1,304 \qquad \text{et} \qquad y = 3,830.$$

Le gaz final occupe donc, à l'état sec, un volume total de 5^cc^,134, formé par 1^cc^,304 d'oxygène et 3^cc^,830 d'hydrogène.

6. — *En calcinant 10 grammes de fluorine pure avec un excès d'acide sulfurique, on obtient un résidu qui pèse 17gr,4358. Déduire de là le poids atomique et la densité du fluor.*

On sait que le fluor est monovalent, que le calcium est divalent et que son poids atomique est égal à 40.

Le calcium étant divalent et le flüor monovalent, la fluorine a pour formule $CaFl^2$ et pour poids moléculaire $40 + 2x$.

L'action de l'acide sulfurique étant de transformer le fluorure de calcium en sulfate, suivant l'équation

$$CaFl^2 + SO^4H^2 = SO^4Ca + 2HFl,$$

une molécule de fluorine doit donner une molécule de sulfate de calcium, pesant $32 + 64 + 40 = 136$.

On a donc

$$\frac{40+2x}{136}=\frac{10}{17,4358},$$

d'où $x=19$.

Sachant enfin que les densités des corps simples gazeux sont proportionnelles à leur poids atomique, la densité théorique du fluor doit nécessairement être 19 fois plus grande que celle de l'hydrogène, c'est-à-dire égale à $0,0695 \times 19 = 1,321$.

7. — *A 100 centimètres cubes d'une solution de chlore saturée à 10 degrés, on ajoute d'abord un léger excès d'acide sulfureux, puis du chlorure de baryum, jusqu'à ce qu'il ne se produise plus de précipité. Le précipité, recueilli sur un filtre, pèse, après lavage et dessiccation, 2gr,8733. On demande le coefficient de solubilité du chlore à 10 degrés.*

En présence du chlore et de l'eau, l'acide sulfureux se change en acide sulfurique, que le chlorure de baryum précipite à l'état de sulfate de baryum insoluble.

$$2Cl+2H^2O+SO^2=SO^4H^2+2HCl.$$
$$SO^4H^2+BaCl^2=SO^4Ba+2HCl.$$

Une molécule de chlore, occupant $22^l,3$ dans les conditions normales, donne, par conséquent, une molécule de sulfate de baryum, pesant $32+64+137=233$ grammes.

Le volume de chlore contenu dans la solution employée était donc

$$\frac{22,300\times 2,8723}{233}=0^l,275, \text{ à } 0^o \text{ et } 760^{mm}.$$

Le rapport entre le volume du gaz dissous et le volume de son dissolvant, c'est-à-dire le coefficient de solubilité demandé, est par suite égal à 2,75.

8. — *On traite 1 gramme de chlorure d'iode par la potasse en excès, on évapore, on calcine le résidu, puis on reprend par l'eau, légèrement acidulée par l'acide azotique, et on ajoute un excès d'azotate d'argent. Il se forme ainsi un précipité qui pèse 2gr,8501.*

On demande la formule du chlorure d'iode employé.

Soit ICl^x la formule cherchée; en traitant ce corps comme il est dit dans l'énoncé, on le transforme évidemment en un mélange d'iodure et de chlorure d'argent, tous deux insolubles.

Un atome d'iode, pesant 127, donne ainsi une molécule d'iodure d'argent, qui pèse $127 + 108 = 235$.

De même un atome de chlore donne une molécule de chlorure d'argent, dont le poids est

$$35,5 + 108 = 143,5.$$

Une molécule du corps ICl^x, pesant $127 + 35,5x$, doit donc fournir $235 + 143,5x$ de précipité.

En conséquence, nous pouvons écrire

$$\frac{127 + 35,5x}{235 + 143,5x} = \frac{1}{2,8501},$$

d'où l'on déduit $x = 3$.

La formule cherchée est donc ICl^3.

9. — *Dans un grand ballon, hermétiquement clos, contenant 10 litres d'oxygène (supposé sec), à 0 de-*

gré et sous la pression normale, et une quantité suffisante d'une lessive concentrée de potasse, on fait brûler 5 grammes de soufre pur. On demande la pression du gaz restant dans le ballon à la fin de l'expérience, la température étant redescendue à 0 degré.

On négligera la solubilité de l'oxygène dans la potasse, ainsi que la tension de la vapeur d'eau émise par cette dissolution.

Le soufre, en brûlant dans l'oxygène pur, donne de l'anhydride sulfureux, dont le volume est égal à celui de l'oxygène consommé, et qui renferme, en poids, des quantités égales de ses deux composants.

Les 5 grammes de soufre employés prennent donc 5 grammes d'oxygène, dont le volume est égal à

$$\frac{22,3 \times 5}{32} = 3^{l},484.$$

Le gaz sulfureux étant absorbé par la potasse, il ne doit plus rester dans le ballon que 10 — 3,484 = 6^{l},516 d'oxygène, mesuré sous la pression normale.

Mais, en réalité, cette quantité d'oxygène occupe toujours un volume total de 10 litres; sa pression est donc

$$760\,\frac{6,516}{10} = 495^{mm}.$$

10. — *On demande combien il y a d'eau oxygénée réelle dans l'eau oxygénée commerciale dite à 12 volumes.*

L'eau oxygénée dite à 12 volumes dégage, quand on la décompose, 12 fois son volume d'oxygène, c'est-à-dire qu'elle fournit 12 litres de gaz par litre de liquide.

Or, l'eau oxygénée pure H^2O^2 donne normalement $11^l,15$ de gaz pour une molécule pesant $2 + 32 = 34$; pour avoir 12 litres d'oxygène, il faut donc une quantité d'eau oxygénée égale à

$$\frac{34 \times 12}{11,15} = 36^{gr},6.$$

En conséquence, l'eau oxygénée à 12 volumes renferme $36^{gr},6$ d'eau oxygénée réelle par litre.

11. — *Dans 10 centimètres cubes d'une eau de Javel commerciale, on dirige jusqu'à refus un courant d'acide sulfureux, puis on fait bouillir pour chasser l'excès de ce dernier et on ajoute de l'azotate de baryum, qui donne un précipité pesant $5^{gr},1491$. Après filtration, on ajoute encore un excès d'azotate d'argent, qui donne un nouveau précipité pesant $7^{gr},0235$. On demande la composition de l'eau de Javel employée, en admettant qu'elle renferme seulement du chlorure et de l'hypochlorite de potassium.*

L'action des hypochlorites sur l'acide sulfureux est de transformer celui-ci en acide sulfurique, conformément à l'équation

$$ClOK + SO^2 + H^2O = KCl + SO^4H^2.$$

L'acide sulfurique formé étant ensuite précipité par le chlorure de baryum, à l'état de sulfate de baryum SO^4Ba, on voit que $35,5 + 16 + 39 = 90^{gr},5$ d'hypochlorite de potassium doivent fournir

$$32 + 64 + 137 = 233 \text{ grammes}$$

de précipité.

La quantité d'hypochlorite présente dans l'eau de Javel était donc :

$$\frac{90,5 \times 5,1491}{233} = 2 \text{ gr.}$$

Ces 2 grammes d'hypochlorite, sous l'action de l'acide sulfureux, ont donné $\frac{74,5 \times 2}{90,5}$ de chlorure de potassium KCl, soit $1^{gr},6464$, qui sont venus s'ajouter au chlorure préexistant dans le mélange, et ont été précipités en même temps que lui par l'azotate d'argent.

$143^{gr},5$ de chlorure d'argent AgCl correspondant à $74^{gr},5$ de chlorure de potassium KCl, le précipité recueilli équivaut à :

$$\frac{74,5 \times 7,0235}{143,5} = 3^{gr},6463$$

du même sel.

Retranchant de ce poids les $1^{gr},6464$ qui se sont formés pendant la décomposition de l'hypochlorite, il reste 2 grammes de chlorure, contenus dans l'eau de Javel primitive.

En résumé, celle-ci renfermait donc 2 grammes de chlorure et 2 grammes d'hypochlorite de potassium, supposés purs et secs.

12. — *Déterminer la composition d'un mélange de chlorate et d'iodate de potassium, sachant que 5 grammes de ce mélange dégagent* $1^{l},015$ *d'oxygène, à 0 degré et sous la pression normale.*

La décomposition des sels contenus dans le mélange s'effectue conformément aux équations

$$ClO^3K = KCl + 3O \quad \text{et} \quad IO^3K = KI + 3O.$$

$122^{gr},5$ de chlorate et 214 grammes d'iodate de potassium dégagent donc $11,15 \times 3 = 33^{l},45$ d'oxygène.

Soient alors x et y les poids cherchés de chacun de ces deux corps, on a évidemment :

$$x + y = 5$$

et

$$\frac{33,45x}{122,5} + \frac{33,45y}{214} = 1,015,$$

d'où l'on tire

$$x = 2 \quad \text{et} \quad y = 3.$$

13. — *Dans une éprouvette reposant sur la cuve à eau, on introduit d'abord 100 centimètres cubes d'oxygène, puis un égal volume de bioxyde d'azote. On demande le volume du gaz qui restera dans l'éprouvette après que les vapeurs rutilantes auront disparu.*

On sait que, dans ces conditions, le bioxyde d'azote se transforme entièrement en acide azotique soluble dans l'eau.

Les choses se passent donc conformément à l'équation :

$$2AzO + 3O + H^2O = 2AzO^3H,$$

c'est-à-dire que 4 volumes de bioxyde d'azote s'unissent à 3 volumes d'oxygène, entraînant ainsi la disparition complète de 7 volumes de gaz.

Les 100 centimètres cubes de bioxyde d'azote employés vont donc déterminer une contraction égale à :

$$\frac{7 \times 100}{4} = 175^{cc},$$

d'où il résulte que, sur les 200 centimètres cubes de gaz

introduits dans l'éprouvette, il n'en restera plus que $200 - 175 = 25$ centimètres cubes, qui seront formés d'oxygène pur (supposé sec).

14. — *Dans 20 centimètres cubes d'un mélange en proportions inconnues de protoxyde et de bioxyde d'azote, on chauffe, jusqu'à décomposition complète des gaz, un fragment de potassium ou de sulfure de baryum. On constate qu'il reste 15 centimètres cubes de gaz. Déduire de là la composition du gaz analysé.*

On sait que le protoxyde d'azote Az^2O renferme un volume d'azote égal au sien, tandis que le bioxyde AzO n'en contient que la moitié. Par conséquent, si l'on désigne par x et y les volumes cherchés, on doit avoir :

$$x + \frac{1}{2} y = 15 \quad \text{et} \quad x + y = 20,$$

d'où l'on tire immédiatement

$$x = y = 10.$$

15. — *En chauffant une dissolution d'acide azotique avec un excès de chlorure ferreux et d'acide chlorhydrique, on recueille 85 centimètres cubes de bioxyde d'azote, mesuré sur la cuve à eau, à 18 degrés et 763 millimètres de pression. On demande combien il y avait d'acide azotique dans la dissolution employée.*

La tension maxima de la vapeur d'eau à 18 degrés est $15^{mm},3$.

Le volume du gaz recueilli sec, à 0 degré et 760 millimètres, serait égal à :

$$\frac{85 \times 747,7}{760(1 + 18 \times 0,00367)} = 78^{cc},4.$$

Or, on sait que, dans ces conditions, une molécule d'acide azotique AzO^3H pesant 63 grammes dégage 22300 centimètres cubes de bioxyde d'azote.

La quantité d'acide azotique présente dans l'expérience actuelle était donc :

$$\frac{63 \times 78,4}{22300} = 0^{gr},221.$$

16. — *On chauffe deux grammes d'acide oxalique sec avec de l'acide sulfurique concentré et on recueille la totalité des gaz qui se dégagent dans une éprouvette contenant une dissolution de potasse. On demande le volume du gaz ainsi obtenu, supposé sec et dans les conditions normales de température et de pression.*

Le gaz qui se dégage dans l'action de l'acide sulfurique sur l'acide oxalique est un mélange à volumes égaux d'oxyde de carbone et d'anhydride carbonique, produit suivant l'équation

$$C^2O^4H^2 = H^2O + CO + CO^2.$$

L'anhydride carbonique étant absorbé par la potasse, il ne doit se dégager à l'état libre que de l'oxyde de carbone pur.

Le volume de ce gaz sera alors :

$$\frac{22,3 \times 2}{90} = 0^{l},495.$$

17. — *Dans un eudiomètre, on introduit 10 centimètres cubes d'un mélange d'oxyde de carbone, de méthane et de cyanogène, puis on ajoute 20 centimètres cubes d'oxygène pur et on fait passer l'étincelle électrique : on trouve alors qu'il reste dans l'eudio-*

mètre 22 centimètres cubes de gaz, qui se réduisent à 9 centimètres cubes après addition de potasse. On demande la composition quantitative du gaz analysé.

Chacun des gaz contenus dans le mélange brûle comme s'il était seul, conformément aux formules :

$$\underset{2\text{ vol.}}{CO} + \underset{1\text{ vol.}}{O} = \underset{2\text{ vol.}}{CO^2}.$$

$$\underset{2\text{ vol.}}{CH^4} + \underset{4\text{ vol.}}{4O} = \underset{2\text{ vol.}}{CO^2} + 2H^2O.$$

$$\underset{2\text{ vol.}}{C^2Az^2} + \underset{4\text{ vol.}}{4O} = \underset{4\text{ vol.}}{2CO^2} + \underset{2\text{ vol.}}{2Az}.$$

Ces équations montrent que 2 volumes des gaz en question donnent lieu en brûlant à des contractions qui sont respectivement égales à 1 ; 4 et 0, ainsi qu'à un dégagement d'acide carbonique égal à 2; 2 et 4.

Si donc on représente par x, y et z les volumes cherchés d'oxyde de carbone, de méthane et de cyanogène, on doit avoir :

$$\frac{x}{2} + 2y = 10 + 20 - 22$$

et

$$x + y + 2z = 22 - 9,$$

équations qui, jointes à $x + y + z = 10$, vont nous permettre de calculer chacune des trois inconnues.

Or, on en tire immédiatement

$$z = 3, \quad y = 3 \quad \text{et} \quad x = 4.$$

Le gaz renfermait donc 4 centimètres cubes d'oxyde de carbone, 3 centimètres cubes de méthane et autant de cyanogène.

18. — *On demande la densité de vapeur du nickel-carbonyle* NiC^4O^4.

Le nickel-carbonyle a pour poids moléculaire $59 + 48 + 64 = 171$; sa densité de vapeur doit être en conséquence :

$$\frac{171}{28,88} = 5,93.$$

19. — *On demande le volume des gaz dégagés par l'explosion de 1 kilogramme de nitroglycérine, sous la pression ordinaire et en supposant la température égale à 1000 degrés.*

La décomposition de la nitroglycérine s'effectue d'après la formule :

$$\underset{}{2C^3H^5(AzO^3)^3} = \underset{12\ \text{vol.}}{6CO^2} + \underset{10\ \text{vol.}}{5H^2O} + \underset{6\ \text{vol.}}{6Az} + \underset{1\ \text{vol.}}{O}$$

en dégageant, à 0 degré, 29 volumes de gaz à 11l,15 chacun pour deux molécules pesant ensemble 454 grammes.

A 1000 degrés le volume de ces gaz serait

$$29 \times 11,15\,(1 + 3,67) = 1510\ \text{litres},$$

et pour un kilogramme de nitroglycérine :

$$\frac{1510 \times 1000}{454} = 3326\ \text{litres}.$$

20. — *On demande la formule et la densité d'un hydrocarbure gazeux qui brûle dans l'eudiomètre en consommant quatre fois son volume d'oxygène et en* *dégageant trois fois son volume d'anhydride carbonique.*

Soit C^xH^{2y} la formule cherchée ; on doit avoir

$$\underset{2\ \text{vol.}}{C^xH^{2y}} + \underset{(2x+y)\ \text{vol.}}{(2x+y)\,O} = \underset{2x\ \text{vol.}}{xCO^2} + yH^2O,$$

équation qui nous montre immédiatement que

$$x = 3 \quad \text{et} \quad y = 2.$$

La formule demandée est donc C^3H^4, d'où l'on déduit la densité

$$\frac{40}{28{,}88} = 1{,}385.$$

21. — *En faisant l'analyse d'un hydrocarbure, on trouve que* $0^g{,}500$ *de matière donnent en brûlant* $1^{gr}{,}5277$ *d'anhydride carbonique et* $0^g{,}750$ *de vapeur d'eau. Déterminer sa formule.*

On sait que l'anhydride carbonique renferme les $\frac{3}{11}$ de son poids de carbone et la vapeur d'eau $\frac{1}{9}$ de son poids d'hydrogène.

L'hydrocarbure analysé contenait donc

$$1{,}5277 \times \frac{3}{11} = 0^{gr}{,}4166$$

de carbone et $0^{gr}{,}0833$ d'hydrogène.

En divisant ces nombres par les poids atomiques du carbone et de l'hydrogène, on obtient comme quotients 317 et 833, qui ont comme plus grand commun diviseur approché 69. La formule de l'hydrocarbure pourra donc s'écrire $C^{\frac{317}{69}}H^{\frac{833}{69}} = C^5H^{12}$.

Cette formule est certainement la seule qui convienne au corps proposé, car elle correspond à un hydrocarbure saturé, pour lequel la polymérie est impossible.

22. — *Dans un très petit tube en porcelaine, communiquant d'une part avec un ballon en verre, maintenu à 0 degré, et d'autre part avec un manomètre a mercure, on chauffe 10 grammes d'oxalate neutre de calcium à 960 degrés jusqu'à ce que la pression indiquée par le manomètre reste fixe.*

L'appareil ayant été au début vidé d'air et sa capacité intérieure étant de 1 litre, on constate que cette pression finale est de 1844 millimètres de mercure. En déduire la tension de dissociation du carbonate de calcium à 960 degrés.

On négligera la dilatation des gaz dans la partie chaude de l'appareil.

L'oxalate de calcium se décompose par la chaleur en oxyde de carbone et carbonate de calcium, conformément à l'équation :

$$C^2O^4Ca = CO + CO^3Ca.$$

La pression indiquée est, par conséquent, égale à celle qu'exerce l'oxyde de carbone produit dans l'espace de 1 litre, plus la tension de dissociation du carbonate de calcium.

Or, une molécule d'oxalate, pesant 128 grammes, dégage $22^l,3$ d'oxyde de carbone dans les conditions normales ; la pression du gaz produit par 10 gramme d'oxalate sera donc :

$$\frac{22,3 \times 10 \times 760}{128} = 1324^{mm}.$$

D'où il résulte que la tension de dissociation de mandée est égale à 1844 — 1324 = 520 millimètres de mercure.

TABLE DES MATIÈRES

PREMIÈRE PARTIE

ÉLÉMENTS D'ANALYSE CHIMIQUE

CHAPITRE PREMIER

CHAPITRE II

CHAPITRE III

CHAPITRE IV

DEUXIÈME PARTIE

MANIPULATIONS CHIMIQUES

CHAPITRE PREMIER

CHAPITRE II

CHAPITRE III

CHAPITRE IV

APPENDICE

Paris. — Imp. PAUL DUPONT, 4, rue du Bouloi (Cl.) 491.8.96.

www.ingramcontent.com/pod-product-compliance
Lightning Source LLC
Chambersburg PA
CBHW060341200326
41519CB00011BA/2002

* 9 7 8 2 0 1 2 6 4 5 0 7 3 *